计算简史

成生辉 著

人民邮电出版社

北京

图书在版编目（CIP）数据

计算简史 / 成生辉著. -- 北京 ：人民邮电出版社,
2025. -- ISBN 978-7-115-66762-5

Ⅰ. O24

中国国家版本馆 CIP 数据核字第 20253J6H70 号

◆ 著 成生辉
责任编辑 朱伊哲
责任印制 周昇亮

◆ 人民邮电出版社出版发行 北京市丰台区成寿寺路 11 号
邮编 100164 电子邮件 315@ptpress.com.cn
网址 https://www.ptpress.com.cn
天津千鹤文化传播有限公司印刷

◆ 开本：720×960 1/16
印张：18.25 2025 年 8 月第 1 版
字数：260 千字 2025 年 8 月天津第 1 次印刷

定价：89.00 元

读者服务热线：(010)81055296 印装质量热线：(010)81055316
反盗版热线：(010)81055315

0，π，计算机，人工智能……

计算世界纷纭繁杂。提到计算，你可能会想到枯燥的数字和令人生畏的公式，就像遥远、孤傲的星星，神秘而遥不可及。

计算，是人类与宇宙对话的方式，在精准与混沌之间。每颗星星都自成一个世界，每一个算式背后，都隐藏着整个宇宙的秘密。本书是一幅"星图"——使人类不再茫然地仰望星空，而是穿越星系，解锁每一颗星星背后的故事。计算不再遥远。

我们一同在数字的世界中穿梭，观察曾经巨大无比的计算设备如何进化为掌中之物。如今，像 DeepSeek 这样的技术，正以惊人的速度推动着计算的发展，将人类智慧与机器能力融合，开启全新的进程。

通过本书，你不仅可以走进由数字和算法编织的世界，还可以探索人类与计算之间千丝万缕的关系。从陶片上的古代算法，到智能算法的现代奇迹——人类与计算携手演进。

本书将向你展示神奇的计算世界，从而引领你认知熟悉事物背后的、更为深邃和广阔的宇宙。

可能，需要以诗来记录计算时代，下面就是一首用计算辅助生成的诗。

智海贯星汉，数道连八方。阿基米德杠杆扬，祖先托我来丈量。我是勾股的梦，我是微分的光，我是欧拉的公式在飞翔。

笛卡儿坐标，费马的墙。黎曼几何波涛起，希尔伯特谜题凉。我是方程的解，我是数论的章，图灵机沉思在何方？

智海贯星汉，数道连八方。东方有人长相忆，祖先托我来丈量。我是祖冲之的梦，我是高斯的光，我是量子的风暴在飞翔！

成生辉

（本书得到了国家自然科学基金 No. 62302399 的资助，在此表示感谢。）

目录

第五部分　流程的更替：从纸带到软件 ……………………………… 175

　　"道生一，一生二，二生三，三生万物。"老子的话中包含本源、变化、对立、平衡、多样与复杂。这一切都凝聚于简单的一、二、三这 3 个数字之中。用数字代表宏大的宇宙论，意味深长——万事万物在无限的变化与无常之中，数字岿然不动。

　　数字是人与世界间关系的支点——通过计数和衡量重新定义周围的世界，从混乱走向秩序。普罗泰戈拉所言"人是万物的尺度"，强调了人的特殊地位，也引出了一个重要的问题：尺度和数字虽然普遍且客观，但如何衡量、如何判断并非毫无争议。

　　例如，公元纪年来源于基督教文化，以耶稣诞生的年份作为公元 1 年。这一年份是推算而来的，细究起来并不正确，但不妨碍人们沿用它——因为重要的不是绝对的数字，而是由数字构建的秩序。无论何种纪年，历法作为时间的计算方式都至关重要。历法总结并预示了四时变换，确定了日历、季节和特殊的日期，将人类生活和宇宙运转紧密相连。对于计算，我们需要保持严肃和敬畏。

　　数学是揭示宇宙规律的语言——解释星辰运行的奥秘、预测自然的变迁、探索宇宙的边界。它，思考、发现和创造。

　　从日常生活到人工智能，计算无处不在。通过计算可以预测天气、治疗疾病、改善交通、创作艺术、揭示现象的规律。计算是科研领域强大的工具，助力我们探索复杂的计算世界。计算世界仍在拓展，我们对宇宙、生命和时间的认知也将随之延伸。

计算与我们的生活

其实，你不懂计算

计算，英文为 compute，最初来自拉丁语 computare，意思是整理、总结，计算在一起。在汉语中，"计"是会意字，从言、从十，合起来是数数的意思；"算"也是会意字，从竹、从具，竹和算筹有关，具表示齐备。

古时候，无论中西，计算的意思都是指手动进行数学运算。第二次世界大战时出现了计算员（computer）——征召入伍专门手动计算弹道的人。20 世纪 40 年代，能够进行电子计算的机器诞生，computer 才特指计算机。

对于计算，我们其实存在许多的误解。

计算并不只是工具，更是我们理解世界和自身的一种方式，在每一次逻辑推演中，我们不仅在探索事实，更在追问意义。

◇ 计算和我们没有直接关系？

也许我们愿意承认，计算早已深入生活。确实如此吗？下载、安装手机 App 时，你可能总是迫不及待地滑到长长的隐私条款的最下面，选择"同意"，并不知道这意味着什么。被收集的信息可能包括搜索习惯、兴趣爱好、地理位置，甚至个人相册。这些信息很可能用于定向广告，甚至其他方面。你发现手机越来越了解你，这当然很便捷，却时常让人不安。

◇ 计算就是算术运算？

很多人认为计算和算术运算一样，就是基本的加、减、乘、除。实际上，计算比算术运算的范围更广泛。除算术运算之外，计算还包括复杂的算法、计算机程序、数学模拟、数据统计和分析等。

◇ 计算就是冷冰冰的数字？

数字确实是计算的重要组成部分，但二者并不完全等同。计算不仅关乎数字，还关乎逻辑、思维和解决问题的方式。例如，编程不仅是代码输入的过程，更是高效解决问题、优化方案的智慧展示，就像烹饪不仅是简单地烹调食材，更是艺术与技巧的结合。

◇ 只有计算机可以计算？

计算并非计算机的专属能力。事实上，计算机最近才加入"计算大家庭"。广义来说，动物甚至某些细菌也拥有计算能力。例如，鸟类在迁徙时通过地磁、天象和地理记忆完成复杂的空间定位，这种惊人的导航行为可以看作复杂的计算过程。

◇ 计算总是准确的？

无论是人类还是计算机，计算错误都难以避免。计算机可能因为程序编写错误、数据输入错误或硬件故障等而产生错误的计算结果。小到网页崩溃，大到股市交易暂停、航天器坠毁，都是计算错误的后果。当然，不能总夸大计算的结果，计算即使不是100%准确，但若在可把控的范围内，那也是可以接受的。实际上，在工程领域中，计算误差在合理范围内时，计算结果可以被认为是正确的。

◇ 计算是冷静、客观的过程？

尽管计算具有逻辑性和客观性，但是计算的方法和处理方式往往较主观，在编写程序时更是如此。此外，算法存在"偏见"。这种偏见可能与性别、种族、语言等有关，从而使计算不经意间带有主观色彩。

◇ **计算总是复杂、难懂的？**

也不尽然。计算的最终呈现可能很"简单"。计算的神奇之处就是用很多的公式，如 $E=mc^2$、$F=ma$ 等，悄悄地把复杂的问题简单化。计算拥有化腐朽为神奇的力量，比如经典化出美丽，即数学之美。

◇ **计算和天马行空的创意、艺术毫无关系？**

很多人认为计算更富理性和逻辑，创意更富感性和直觉，二者互相排斥。但在现实中，创意和计算往往相辅相成。可以利用计算机创建动画、电影、音乐等，下图所示的由单圆构成的分形艺术图案，就是创意推动计算技术产生、利用计算技术实现创意的完美例证。同样，虚拟现实技术作为全新的技术形式，使幻想与现实短暂地融合，给人们带来了前所未有的体验。

分形艺术图案

那么，计算到底是什么？

若用朴素的语言来说，计算是对信息进行整理与处理的过程，也是将纷繁的事物加以简化、推理，从中找出规律与答案的过程。维基百科中定义计算是一种将"单一或多个输入值"变换为"单一或多个结果"的思考过程。但是无论怎样，关于什么是计算众说纷纭。

计算不只是数学公式间冷冰冰的碰撞，它贯穿我们的生活——从我们认识世界到我们与世界的互动。计算不仅是加、减、乘、除，而且是对万事万物进行抽象、分析，乃至做出决策的根本方式。

若以史为鉴，计算从来不只是数数的工具。回望古代，无论是中国的"筹算"还是西方的"算表"，都是人类试图控制并掌握自然的一种手段。天文、地理、农作、战争，哪一样能离得开计算？从河图洛书到阿拉伯数字，计算帮助我们建构起了一套解码自然的语言。

然而，计算并非高高在上的神秘力量。打开手机应用、调整导航路线、选择流媒体的推荐，计算背后的算法无时无刻不在为我们服务。

计算并不局限于那些难懂的数学公式，它的伟大之处在于它无所不在，无所不及。通过计算，我们看到了自然背后的秩序，也看到了人类创造的可能性。计算是连接人类与宇宙的桥梁，也是我们理解世界的一种方式，还是我们塑造未来的利器。

从 7 个维度看计算

"道可道，非常道。"想通过寥寥几百页把计算这么宏大的话题讲清楚，坦白讲，是比较困难的。"横看成岭侧成峰"，从不同的维度看计算，它呈现出来的特点不一样。因而，需要从多个维度来剖析计算。

计算无法脱离问题而独立存在。天上的月亮本身不发光，需依靠太阳光来显示身影。计算亦然——需通过问题来呈现意义。

计算本身无比宏大，但并非深不可测。我们将从 7 个维度来剖析计算——"记录的发展：从数字到数据""方法的演变：从运算到算法""视界的扩展：从平面到空间""追求的革新：从统计到智能""流程的更替：从纸带到软件""硬件的换代：从算盘到芯片""追求的改变：从准确到速度"。7 个维度相互补充、纵横交错。

数字	文字和符号	结构化	数字化	→ 数据
运算	算术	代数	微积分	→ 算法
平面	二维		三维	→ 空间
统计	简单统计	数据处理	AI 技术	→ 智能
纸带	机器语言		高级编程语言	→ 软件
算盘	机械计算工具		早期计算设备	→ 芯片
准确	精度		准确性	→ 速度

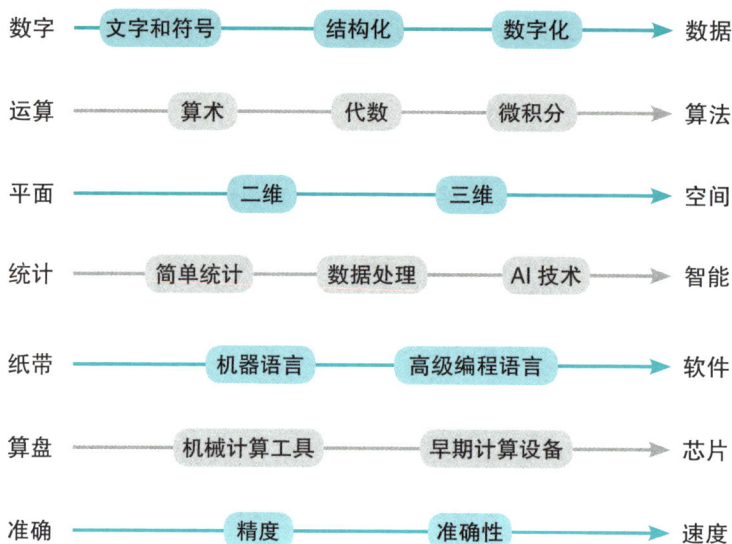

计算的 7 个维度

◇ 记录的发展：从数字到数据。

古人使用文字和符号记录交易、事件和知识，后来逐渐演变为更结构化、数字化的数据记录方式。从简单的计数到整数、分数、小数、复数等，再到数据和数据库等，记录的发展对计算的发展影响深远。

◇ 方法的演变：从运算到算法。

从计算的方法来看，计算的发展是非常快的，从最初的加、减、乘、除，到乘方、开方等复杂运算，再到代数、方程、微积分。随后，算法和流程涌现，计算不再是一个过程，而变成一个复杂的流程。高效的算法不断涌现，计算能力得到极大提升。

◇ 视界的扩展：从平面到空间。

计算最初研究的是圆、三角形等简单的元素，方法相对单一。随着方程的引入，平面几何和方程联系到了一起，计算进入解析几何阶段。从二维计算到三维计算再到空间计算，计算的范围得到了极大的扩展。

◇ 追求的革新：从统计到智能。

从简单的统计和数据处理开始，计算逐渐迈向智能化时代。人工智能使计算机具备了学习和推理能力，而机器学习、深度学习等技术的应用，使计算机能够自动获取知识、理解语义，并从中汲取经验，为解决复杂问题和进行自主决策带来了新的可能性。

◇ 流程的更替：从纸带到软件。

流程的自动化始于纸带。自此，计算不再是简单的算数，而是一个复杂的流程。计算在这个时候的关注点，演变为如何将流程变得简单而高效，或集成出更加复杂的"作品"。人们由此发展出了编程语言、复杂软件。

◇ 硬件的换代：从算盘到芯片。

从算盘到计算器，再到计算机，直到今天的高性能芯片技术，计算硬件的性能大幅提升。硬件的更新换代，也伴随着计算的发展，计算成为其重要的组成部分。

◇ 追求的改变：从准确到速度。

最初，人们主要关注计算的准确性，尤其在科学计算和工程领域。随着计算设备性能的提高，更多的应用场景对计算速度提出了更高的要求。计算追求的焦点也慢慢转移到速度这一指标。

这 7 个维度展示了计算发展的重要方面，每一个方面都为计算的进步和广泛应用奠定了基础。计算在未来将继续革新和演进。

第一部分

记录的发展：从数字到数据

从数字到数据是质的飞跃。

计算源何产生？源于算"计"，即需要"计"和"算"生活中的种种。

当数字的概念日益明晰时，用简单符号记录变得力不从心。

数字不仅用于表示"多少"，也用于记录时间的流逝、历史的演绎、贸易的交换、人口的涨落。例如，玛雅文明的石碑上不仅刻有特定的日期，还采用两种时间框架（即长纪历和短纪历）记录统治者的名字和执政年限。关于时间的流逝和循环往复的观念，都藏匿在数字之中。

数字的潜力逐渐被唤醒。数字的日臻完善，使得测量成为可能——因为长度、质量、时间和其他属性得以量化。古埃及人建造金字塔，数字功不可没——复杂的测量、计算，以及人力、物力的安排等都归功于数字。金字塔长存于世，蕴含于其中的数学原理也被层层剥开、历久弥新。

20世纪中叶，电子计算机的问世彻底改变了"游戏规则"。随着互联网、数字技术和数据科学的崛起，数据不再只是简单的数字，还包含图像、视频、语音、文字等。

数据复杂和多样，蕴含着各种信息。数据中传递的信息，正在推动各个领域的创新。如今，无论是在商业分析、医学研究等领域中，还是在先进科技等领域中，数据已成为决策的重要依据。

总的来说，数据量化了我们感知世界的能力。

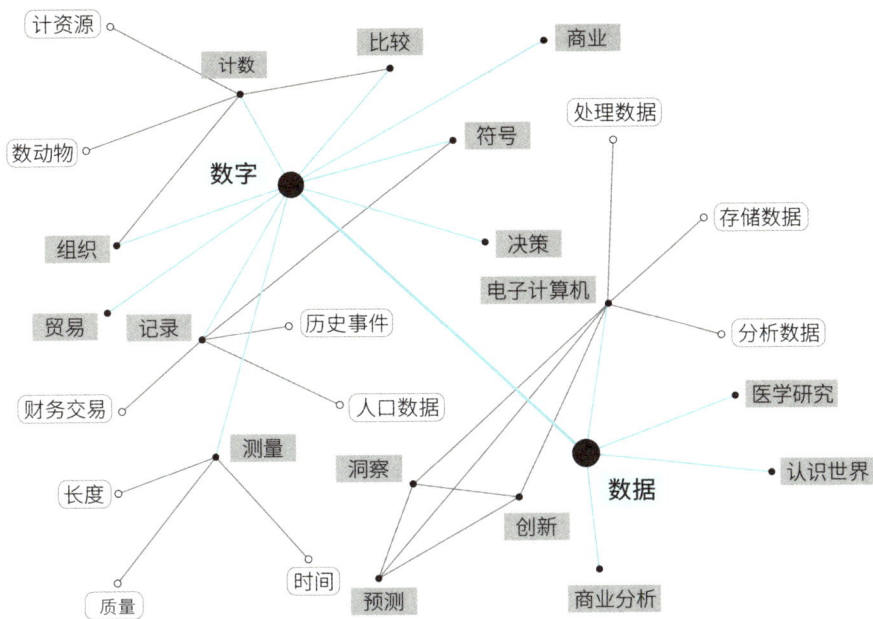

从数字到数据的发展

（图中文字）

计资源　计数　比较　商业　处理数据　数动物　符号　存储数据　数字　组织　决策　电子计算机　贸易　记录　历史事件　分析数据　财务交易　人口数据　医学研究　测量　洞察　数据　认识世界　长度　创新　时间　质量　预测　商业分析

现在，让我们穿越时间长河，回到原初，探寻计算如何从远古流传至今。在数字和数据的世界里，人类不断书写自身的历史，一次次重申创造力的伟大。

第1章 源于算"计"

数字的诞生源于计数的需求。

人们有双眼、双手,路边有三叶草,许多动物有 4 条腿。人的手指、脚趾的数目可以组成 10、15、20。

计数可追溯至石器时代。非洲的莱邦博(Lebombo)山脉出土了一块狒狒的腓骨,上面刻有排成 3 行、29 个明显的凹痕。这些凹痕有何含义?或许用于计数,或许是原始的日历,或许具有象征性和仪式性的意义。毋庸置疑的是,这些凹痕绝非无意义的划痕,而是数字符号,展现出某种抽象思维能力。

凑巧的是,世界各地的文明都不约而同地发展、完善了数字符号和数字系统。这使得数数更加高效,运算更加明了。古巴比伦文明的楔形文字、古埃及文明的象形文字与中国文明的草书文字中,均有明确的数字系统。

不同的古文明采用不同的进制。例如,古巴比伦文明采用 60 进制,玛雅文明采用 20 进制,并且两个文明都以 12 作为辅助单位。

篝火时代

计数的历史比想象的古老,至少比已知的人类遗迹更为古老。人类祖先在大地上摆放树枝、在沙土中画出线条,或者堆起一堆小石头(拉丁语中表示算术的词 calculus 指的就是小石头),也许是为了清点猎物,或者算一算日期。人类祖先还在洞穴墙壁、骨头、石头上默默地刻写、描绘一系列形形色色的图画。

刻痕与结绳记事

人类祖先面临一个主要问题——狩的猎物如何分呢？多而多之，少而少之。于是，计数亮相了，用来处理这类琐碎且日常的问题。

计数不仅适用于简单的分配场景，也适用于大事件。部族交战，大获全胜，人们兴高采烈地庆祝，用结绳、刻画或其他方式将战争的时间和战果记录下来。这些痕迹也许能反映已经失传的信仰，也许是沟通天地鬼神的仪式。

骨头、石头和贝壳上的痕迹不仅体现了古人的经验和智慧，也是部族的记忆。几千年后的今天，尽管我们无法还原古老的场景，但这些痕迹可以引起我们的想象。

刻痕与结绳记事

刻痕是一种通过在物体表面刻下痕迹来进行计数的方法。在早期人类文明中，人们发现可以用尖锐的工具，如动物骨头或石头，在石板、龟甲或骨片上留下刻痕。刻下的符号或线条有着不同的含义，可以表示不同的信息。刻痕简单、直接，能够满足早期人类对记录信息的需求。

"朝三暮四"

在庄子的《齐物论》中，有一位宋国人喂猴子，告诉它们早上吃 3 个橡子，晚上吃 4 个。猴子们因此大吵大闹。他转而说，早上吃 4 个，晚上吃 3 个，猴子们立刻安静下来，心满意足。

尽管朝三暮四后来主要用来形容反复无常，但这个故事本身反映了猴子缺乏辨别能力或对数字的整体把握。当然，其中也隐含一个事实，即对数字的感知并非人类所独有。

不会数数的祖先

人类对数字概念的理解和认知经历了漫长的过程。虽然关于数字概念何时从混沌中显现已很难考证，但追溯数字系统的历史演变是可行的。这也为我们找寻数字概念提供了蛛丝马迹。

数字写下来

如果只用短线表示 1 ，要写出 50 就会写得眼花缭乱。于是，更为精妙的计数法应运而生。古希腊、古埃及和古希伯来等的数字系统都用不同的符号来表示庞大的数字。

从下图中可以看出，古埃及的数字系统已经展现出系统化的思维结构和书写方式，洋洋洒洒，颇有毛笔字的风范。古老而朴素的美已刻入其中。

1	∣	10	∧	100		1000	
2	∥	20	∧	200		2000	
3	∥∣	30	✕	300		3000	
4	∥∥	40		400		4000	
5	⅂	50	∣	500		5000	
6	⅂	60		600		6000	
7		70	⅂	700		7000	
8		80	ⅢⅠ	800		8000	
9		90		900		9000	

$$1328 = $$

早期的数字系统

即便如此，面对庞大的数字，这样表示依然复杂、烦琐。但是，古人真的需要庞大的数字吗？这或许给很多人带来了一些疑问。值得注意的是，古埃及已有表示十万甚至千万的数字，再想想伟大的金字塔，这可能说明庞大的数字确实至关重要。

位值计数法赋予了不同的数字符号新的"灵魂"——同一个数字符号所代表的数字取决于它所在的位置。自此，读数字时不再需要记住众多数字符号，只需轻轻一瞥，数字的大小一目了然。古巴比伦、中国和玛雅等伟大文明，都独立发展出了各自的位值计数法。更为令人惊叹的是，在古印度，现代十进制数字系统悄然诞生——数字 0～9 拥有各自的符号，组成或大或小千变万化的数字。如下图所示，阿拉伯数字起源于古印度，和今天的数字不一样，但可见很多相似之处。

演变，是进步的痕迹。

这里有个易混淆的概念，位值计数法并不等同于十进制。比如古巴比伦的以 60 为基数的数字系统是一种位值计数法。以 60 为基数的计时方式沿用至今，如 1 分钟 =60 秒，1 小时 =60 分钟。

古印度的阿拉伯数字

阿拉伯人之前使用的数字是罗马数字。但在公元 8 世纪，阿拉伯人吸纳了古印度的数字，发明了广为人知的"阿拉伯数字"。阿拉伯人让这些数字声名远扬，传遍阿拉伯帝国的广袤领土。之后传到中东、北非，一直到西班牙，再深入欧洲。

简单对比一下阿拉伯数字和罗马数字中的三十七——37 和 XXXVII。乍一看，差别不大。但实际应用时要注意，差别巨大。例如，对于简单的乘法运算 $56 \times 6 = 336$，如果换成罗马数字，会变成什么样子呢？有点惊人。

LVI × VI =CCCXXXVI

罗马数字相对较长，在实际应用中，尤其是表示大的数字时，劣势极其明显。相较之下，阿拉伯数字的简洁明了不言而喻。

进一步说，阿拉伯数字是最接近"世界语"的数字系统，尤其是在全球化的今天，显得十分重要。这是一种目前通用的一种数字系统。

在阿拉伯数字的框架下，人们探索周围事物，遵从这种框架下的数学法则。阿拉伯数字不仅改造了丈量和把握世界的方式，还打破了不同地域的数字系统的隔阂，展现了复杂事物的本质。从科学到贸易、从工程到计算，阿拉伯数字无处不在。来自古印度的"种子"行至世界各地，绵延不绝，改变了人类社会的轨迹，推动了数学、科学和文化的飞跃。

值得一提的是，古希腊也具有灿烂的数学文明。古希腊人的思维方式以逻辑的严谨和系统著称，这种思维方式在一定程度上促进了数学的早期发展，但也对某些概念的接受和发展形成了障碍。具体来说，古希腊数学家倾向于追求逻辑上的完美和严格的证明，这使得他们对某些概念抱有怀疑甚至拒绝态度，如0、位值计数法、分数、负数、无理数、无穷、微积分及代数的符号表示法。

从古至今，数字的历史如同一条绵延不绝的河流，滋养着人类文明。这段历史的起源，就像一颗经过精心打磨的璀璨宝石，闪烁着永恒的光辉，照耀着人类文明。在漫长的岁月里，数字经历了无数次的开拓、深化与革新，从最初的简单计数到复杂的数字，不断发展，是一部绚丽多彩的篇章。

重读，"0"的传说

1.1 0

起于微末，终于虚无。初始之始，终结之终。

0，不知所起，归于尘埃。0始终在那里，寂静而谦逊，仿佛古老的原初，是一切的起点。

再也没有比0更令人惊叹的符号了。在任何整数（0除外）后不断添上0，便可扩展至无穷；任何一个数乘以0，立刻化为"虚无"。0虽象征"无"，却真实存在。有即是无，无即是有，这是否隐含着深邃的哲学思想？

曾几何时，我们认为0是个麻烦的存在，许多情况下都需要单独讨论0。然而，当面对无解或复杂的问题时，0往往会带来全新的视角，甚至能助力一举破解。0是一个奇妙而独特的存在。

0不仅是众多数学问题的答案，也是计算中独特的点，推动着物理学、工程学、天文学等领域涌现出崭新的发现。0蕴藏着深邃的数学哲学思想，蕴含着对无限和无穷、有和无的深刻思考。这个独特的数字，成就了无数伟大的创举。

或许，0不仅是一个符号，还象征着宇宙的平衡与对立，这提醒我们在无尽的探索中，要始终保持对未知的敬畏，始终保持谦逊。0是数学中的"静默哲人"，深邃而隽永，指引着我们深入智慧之境。

0 的诞生

在古巴比伦和玛雅文明中，0 是一个占位符，用于区分数字。然而，古印度人赋予 0 以特殊的含义，将其视为一个独立的数字。根据古印度的《巴克沙丽抄本》（*Bakhshali Manuscript*），数字 0 在公元 3 世纪至 4 世纪首次出现。这是一个美妙的时刻，数字 0 从此用于记录数学上的"无"，有了实际意义，拓宽了思维的边界。

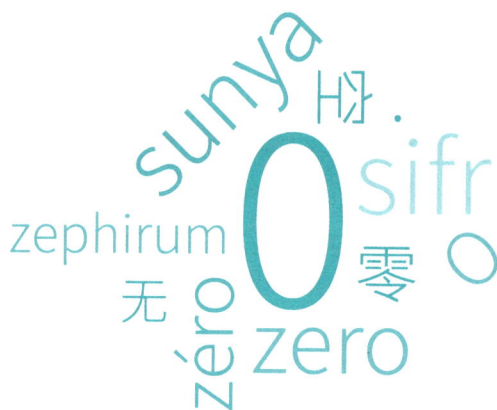

0 的多种称呼

古印度文献中书写的零呈现为"O"或"·"。或许是沙土上用于运算的小石子被拿走之后留下的痕迹，或许是出于直觉简单书写的符号，甚至或许包含更多的思考——圈出或点出一处空无。

在梵语中，0 被赋予了"sunya"的名字，意为"空"。或许只有把空无、虚无视为重要的哲学概念的民族，才会将 0 置于如此特别的地位。0 既是无，也是空，临近无限和永恒。

阿拉伯人称零为"sifr"——延续古印度人为之赋予的含义。源自中世纪拉丁语的"zephirum"，则演化出了法语"zéro"和意大利语的"zero"。虽然欧洲的罗马数字根深蒂固，并不急于接受阿拉伯数字，但历史还是证明了阿拉伯数字这一异军突起的力量。

从古印度人的智慧、阿拉伯人的传承，再到欧洲人的逻辑演绎，0的演变贯穿数学的发展历程。0在数学中的重要性不仅体现在其作为数字的特性，更象征着人类对逻辑、抽象思维的深刻理解。

0 和 1，数字的源泉

有了表示"无"的0，又出现了一个能与之媲美的数字——1。

在庞大的数字世界中，这两个看似简单的数字逐渐构建了整个数字世界。对于生活在数字时代的我们来说，它们并不陌生。

一个经典问题是，为什么现代计算机不再使用阿拉伯数字？就像万物的本源一样，即使创造了无数的数字，最后还是回归到最简单的0和1。

这得从源头说起。初期的计算机采用真空管，只能实现开和关两种状态。科学家面临的挑战是如何给予这两种状态数学意义上的编码。由于微型晶体管只能实现开和关两种状态，把这两种状态以二进制数表示成了最简单的解决方案。在二进制中，数字0用0表示，数字1用1表示，而数字3用10表示，数字4用11表示，以此类推，0和1构成了整个数字世界。

从此，0与1成了数学运算的基石，其二元性质贯穿整个数字世界，塑造了现代的技术奇迹。然而，值得注意的是，二进制的发明并非源于现代计算机的需求。早在17世纪，莱布尼茨（Leibniz）便已发明了二进制算术，并设计了二进制计算器。

莱布尼茨体悟到了宇宙运行的简洁与秩序。通过0和1的简单组合，揭示了自然界中复杂现象的基本逻辑。二进制系统不仅预示了计算机科学的未来，也在哲学层面上象征着对立统一的辩证法：有与无，真与假，光明与黑暗。

在莱布尼茨的时代，二进制或许只是一个数学上的奇思妙想，但如今，它已成为现代信息技术的脉络和灵魂。0和1这两个看似简单的数字，通过无数次的排列、组合，可以承载我们日常生活中的一切数字信息。从基本的计算到复杂的人工智能，无不依赖于二进制的力量。

二进制的发明不仅体现了人类对数字世界的深刻理解，也展示了人类智慧的无穷潜力。二进制是数学史上的一颗明珠，光芒四射，照亮了从古至今的技术进步之路。二进制如同一座桥梁，连接了过去的哲学思辨与今天的科技奇迹，成为我们不断探索和创新的源泉。

在 0 与 1 的循环中，或许不只是在编写代码，而是在揭示万物的起源与归宿，蕴含着宇宙中最简洁的真理。

当我们惊叹于数字世界的神奇时，必须铭记这一切始于两个数字——0 和 1。

数字世界

你好，荷鲁斯

接下来，是有理数与无理数相继发展的时代。

整数世界让一切显得过于简单，仅有 1、2、3、4、5……。除此之外，难道没有更多的数字吗？整数之间是否还隐藏着其他数字？数字的发展，象征着人类对世界认知的变迁。

荷鲁斯之眼

在拥有了 1、2、3 等正整数以及 0 之后，数字世界显得更加辽阔。然而，人们很快意识到，简单的数字系统不足以描述多样的世界。如果一桶水是 1，不满一桶的水该如何表示？橘子吃了几瓣，剩下的部分是多少？

几桶水？

这是小数和分数大展身手的时刻。一点一线之间，数字世界再次延展。我们可以用 $\frac{1}{2}$ 和 $\frac{1}{4}$ 分别表示均等 2 份中的 1 份和均等 4 份中的 1 份，也可以用 0.5 和 0.25 表示相等的数量。小数和分数不仅扩展了数字的表达方式，还让我们能更精细地描述多样的世界。

最早的分数表示法，通常归功于古埃及人。辛苦劳作了一整天之后，古埃及人得到了面包和啤酒作为报酬。如何把 12 块面包分给 10 个人？一个聪明的古埃及人将 12 写在一个卷曲的斜线上，将 10 写在斜线下面，类似于我们今天使用的分数。这便是古老的分数。

在古埃及神话中，神主宰着太阳、尼罗河、风雨、昼夜。神的世界并不风平浪静。半鹰半人之神荷鲁斯（Horus）的父亲奥西里斯（Osiris）被亲兄弟赛特（Seth）杀死，勇武的荷鲁斯决定为父报仇。在残暴激烈的战斗中，荷鲁斯的一只眼睛被撕碎，散落各处。

最终的胜利属于荷鲁斯，他的眼睛碎片也被收集起来并得到复原。荷鲁斯成为保护之神、复仇之神和治愈之神。荷鲁斯之眼成为一个重要的象征，眼睛的碎片以分数表达，而且每个分数都与功能对应。其中 $\frac{1}{2}$ 用于嗅觉，$\frac{1}{4}$ 用于视觉，$\frac{1}{8}$ 用于思考，$\frac{1}{16}$ 用于听觉，$\frac{1}{32}$ 用于味觉，$\frac{1}{64}$ 用于触觉。把这些分数相加会发现，荷鲁斯之眼并不完整——还有 $\frac{1}{64}$ 在决斗中被摧毁。

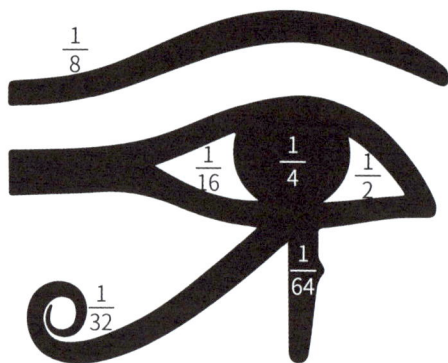

古埃及荷鲁斯之眼的分数表达

分数明确地表示出整体与部分的关系，预设了特定的比例。因此，艺术家借助分数捕捉杰作中的完美比例，建筑师用分数设计出壮丽、和谐与平衡的建筑。在科学领域中，分数成为涉及测量和比例的精确计算时不可或缺的工具。

值得一提的是，分数与小数之间的换算是一门值得了解的学问。尽管今天这种换算看起来并不复杂，但在历史上，小数概念的出现比分数要晚得多。小数的发展需要一个前提条件，即位值计数系统确立。以现在普遍使用的十进制计数法为例，只有在发明了十进制计数法并建立了位值计数系统之后，小数才得以存在。

目前所知最早讨论十进制小数的文本来自公元 10 世纪的阿拉伯数学家乌格里狄西（Al–Uqlidisi）。他不仅在著作中介绍了十进制和六十进制计数法，还讨论了十进制分数。然而，当时还没有小数。直到 16 世纪，苏格兰数学家约翰·纳皮尔（John Napier）才推广了小数的使用，同时他发明了对数。

如今，小数在我们的生活中还在不断应用。走进超市，一些商品的价格往往是 9.8、29.8 这样的数字，这似乎在告诉我们，只要不到 10 元、30 元，就可以买到这些商品！这一小数的使用小技巧，与消费心理相契合。

分数和小数不仅在数学史上占据重要地位，也深刻影响了艺术、建筑、科学乃至日常生活的方方面面。分数和小数的出现和应用，不仅丰富了人类对数字和比例的理解，也为现代文明的发展奠定了坚实的基础。

欠债的哲学

在古时候，狩猎是常有的事情。猎人捕获了两只鸟，分给一个人一只，再分给他一只，这就是 2–1–1=0。再多分给他一只？都没有猎物了，再也分不出。

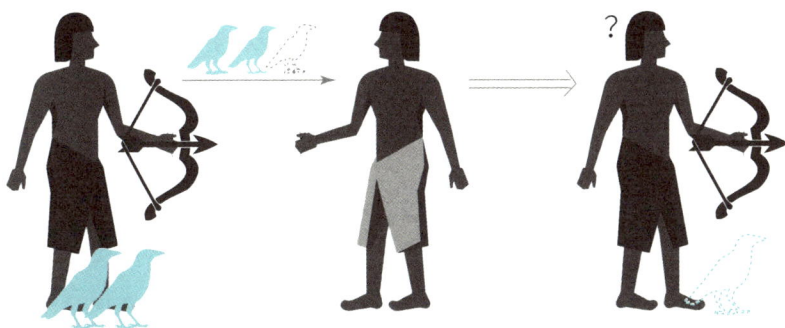

猎人与鸟

我们知道，水在 0 ℃时会结冰。更准确地说，人们根据水的冰点确定了 0 ℃。那么，冰柜里的冰激凌的温度是多少呢？这是一个比 0 ℃更低的温度，比太平洋深处的温度更低的温度。

想象一下，当你打开冰柜时，一股寒气扑面而来，冰激凌的温度低于 0 ℃，让你不禁打个冷战。冰激凌在这种温度下，保持着完美的质地与口感，等待着你去品尝。

温度不仅是数字，也是感官与自然的互动。低于 0 ℃的温度，仿佛是大自然向我们展示的一种极致状态。在这种状态下，水几乎静止，一切都变得安静而神秘。比 0 ℃更低的温度，带来了冰封的美丽和宁静，让人联想到宇宙深处的寂静与辽阔。

文艺复兴时期，意大利一个作坊的工人每天能挣 30 元，每天可以存 1 元，100 天后就有了 100 元存款。也正是在第 100 天，一位朋友向他借 130 元，他只好预支第二天的工钱，那还剩下多少？

他在账本上写上了 m30，m 表示 meno，这是负号的前身。第 101 天的时候，为朋友"两肋插刀"的工人拥有 m30（−30）的资产。如果朋友一直不还钱，他就得不停地预支第二天的工资，直到 31 天后才有余钱。人们对负数概念的认知从诸如此类的事例中开始。

负数的实际应用远早于理论的建立，其性质让包括帕斯卡（Pascal）和莱布尼茨等在内的伟大的数学家绞尽脑汁。负数的理论研究像打开了潘多拉魔盒，但蜂拥而出的问题并未带来灾难——数学家们不可抑制的好奇心最终还是得到了犒赏。

如何解释 $1/(-1)=-1$？为什么 $(-1) \times (-1)=1$？研究负数极大地拓展了我们对数字和数学的认知。在当今的商业和经济领域，负数为负债、赤字和借贷提供了精确的表示方式，促进了商业的繁荣和活跃。在科学和物理学中，负数明确地表示方向负值和温度负值等物理负值，使研究更加全面和立体。在数学中，负数扩展了数轴，笛卡儿（Descartes）的解析几何通过坐标系将平面点与负数、0、正数组成的实数对应。这一全新的概念超越了前人对数字世界的界定，将复杂的现实情境纳入数学的处理范畴。

负数概念的引入不仅丰富了数学的内涵，也使得数字世界更为广阔。通过负数，我们能看到现实的多个维度，我们的分析更加精准，思想更加深邃。

负数让我们看到，世界不仅有丰盈，还有匮乏，正如生命中的空白与缺失。

正数和负数相互交织，形成了有理数的广阔领域。这一全新的数学体系如同一道彩虹，跨越了人类对数学理解的界限。无论是在科学研究还是日常生活中，有理数的应用都无处不在，并且不可或缺。

"理"性的博弈

到了这里，你应该对有理数有一定的认知了。有理数包括所有整数（如 –3、0、123456 等）和所有形如 $\frac{b}{a}$ 的分数——其中 a 和 b 是整数，并且 b 不等于 0。有理数在英文中称作 Rational Number，来自拉丁语 rationalis，意为理性的；词根 ratio 意为理性、计算。

值得注意的是，任何能表示成 $\frac{a}{b}$ 的数，其小数形式既可以是有限的，也可以是循环的（小数部分有周期性重复的数字）。比如 $-\frac{1}{2}$、$\frac{1}{3}$ 都是有理数，后者虽然除不尽，但小数表示 0.3333333333…（或写作 $0.\overline{3}$）依然有迹可循，小数点后面是无数的 3，它是循环小数。

那么，常常听到无理的 φ，e……这又是怎么回事？

1.2 无理数

遵循着自己的"有理"，捍卫着自己的"无理"。

追求理性的人类期待世界是富有逻辑的，或者至少可以理性分析或总结。从无理数（Irrational Number）的命名就可以看出，无理数显然与此背道而驰，但它又举足轻重，无法将其置之度外。

简言之，无理数不是有理数。那么有理数的“理”是什么？无理数的“理”又是什么？

前面提到，有理数包括整数、分数、小数等，这些都有“理”可循。而无理数是不能被表示为两个整数之比的数，或者是无限不循环的小数，任意出现，无迹可寻，是否有点“无理”且“无礼”，还是“无力”？

无论你是否关心数学，大约应该知道下图所示的黄金分割（Golden Section）ϕ，即 $\frac{a+b}{a} = \frac{a}{b} = \phi$。其中 $\phi = \frac{1+\sqrt{5}}{2}$，约等于 1.618。我们熟知的 0.618 是 ϕ 的倒数，$\frac{1}{\phi} = \frac{\sqrt{5}-1}{2}$。古往今来，人们赋予了黄金分割无限寄托，对它保持无限敬仰，称之为神圣比例（Divine Ratio）、神圣之数（Divine Number）、超越比例（Transcendental Ratio）等，仿佛这个数代表了自然某种神秘的和谐，是美的化身。无理可能只是“没有道理”，但也可能是真理，是美的。

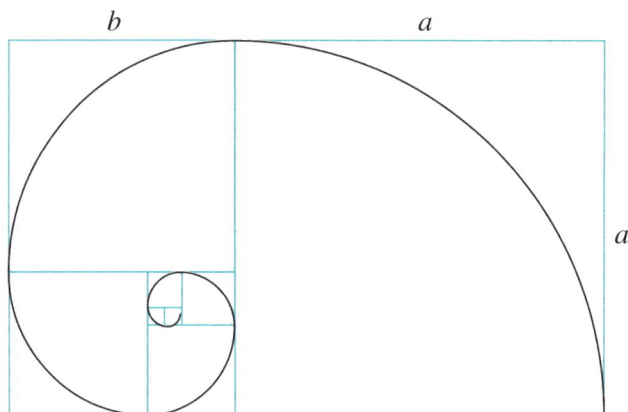

$$\frac{a+b}{a} = \frac{a}{b} = \phi \approx 1.618$$

黄金分割

另一个重要的无理数是自然常数 e，得名于瑞士数学家和物理学家莱昂哈德·欧拉（Leonhard Euler）。

$$e = \sum_{n=0}^{\infty} \frac{1}{n!} = 1 + \frac{1}{1!} + \frac{1}{2!} + \frac{1}{3!} + \cdots$$

其中，$n!$ 表示 n 的阶乘，$n! = n \times (n-1) \times (n-2) \times \cdots \times 2 \times 1$。

以极限来表示自然常数 e，即 $e = \lim_{n \to \infty} (1 + \frac{1}{n})^n$。这意味着当 n 趋向无穷大时，$(1 + \frac{1}{n})^n$ 无限趋近于 e。

e 的近似值是 2.718281828459，在指数增长和衰减、微积分、振动、波动、概率和统计中都发挥着重要作用。

我们对于世界的认知又多了一层，从有理数扩展到了无理数。且无理数，散落在有理数间的角角落落。

圆的度量

1.3 圆

自始而终，无始无终。

古往今来，无论是仰望星辰，还是画下一个几乎完美的圆，都涉及一个独特的数字，即 π。

圆周率是超越性的存在，"日月星辰跟随着它的踪迹"。只要是圆，无论大小，周长和直径的比值永恒不变，这个规律无懈可击。月有阴晴圆缺，圆周率却始终如一。圆周率的普遍性使之与宇宙的本质相关，不仅出现在圆中，也出现在海洋的波涛、星系的螺旋中。

圆具有对称性，在任何方向上都具有相同的半径。古希腊的思想者将圆视为完美的几何形状，将圆的完美与物质世界的不完美相对照。

圆是理念世界中完美的形式，而现实有缺陷与不完美。

为了理解完美和秩序，人们计算圆周率，即圆的周长与直径的比值。然而，这绝非易事。古人在使用圆周率时通常取近似值，比如 $\frac{22}{7}$，但圆周率并不精确地等于任何分数，它是一个无理数，无法表示成两个整数的比值，其小数部分无限不循环。这意味着，无论我们计算多少位小数，圆周率的神秘都无法被完全揭示。

公元前 3 世纪的古希腊数学家阿基米德（Archimedes）开创了圆周率几何计算的先河。阿基米德根据外接和内切于圆的正多边形的周长，并逐渐增加多边形的边数，近似地计算圆周率的数值。我国魏晋时期的数学家刘徽采用了类似的方法，得出了比阿基米德更为精确的圆周率数值范围。17 世纪的英国数学家约翰·沃利斯（John Wallis）将圆周率表示为无穷个分数相乘：

$$\frac{\pi}{2} = \prod_{n=1}^{\infty} \frac{(2n)(2n)}{(2n-1)(2n+1)} = \frac{2}{1} \times \frac{2}{3} \times \frac{4}{3} \times \frac{4}{5} \times \frac{6}{5} \times \frac{6}{7} \times \frac{8}{7} \times \frac{8}{9} \cdots$$

一个无理数竟然能够如此规律、美妙而深邃地表达。如今的超级计算机已经能够精确地计算出圆周率小数点后面数十万亿位。在计算机被发明之前，这简直不可想象。

圆周率的研究历史悠久，横跨了多个文明。古埃及人、古巴比伦人、古希腊人、古印度人和中国人都曾在各自的时代探索过这一神秘的常数。随着数学的发展，人们逐渐认识到，圆周率不仅是一个几何常数，它深深植根于自然界和数学的核心。在海洋的波涛、星系的螺旋及量子物理的微观世界中，圆周率无处不在，显示出其不可思议的普遍性。

勾三股四弦五

古希腊的一个神秘学派——毕达哥拉斯学派，认为研究数学即可通晓宇宙本质，数学足以揭示世间万事万物的真理——"一切皆数"。毕达哥拉斯学派有一些奇特的规矩，比如不能吃豆子、知识必须秘而不宣。

毕达哥拉斯（Pythagoras）手持刻度尺，注视着直角三角形陷入沉思。他画下不同的直角三角形，不厌其烦地反复确认每一条边的精确长度，不停地演算，直到巧妙地发现关于直角三角形的定理，即 $a^2 + b^2 = c^2$，其中 a 和 b 分别代表两个直角边的长度，c 代表斜边的长度，证明过程如下图所示。

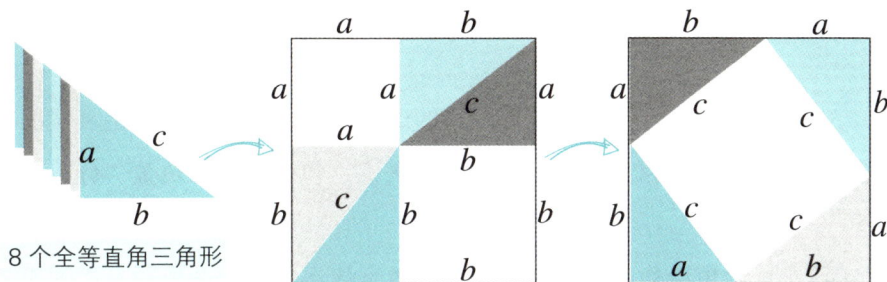

8 个全等直角三角形

两个正方形的边长都是 $a+b$，即面积相等

$$a^2+b^2+4\times\frac{1}{2}ab=c^2+4\times\frac{1}{2}ab \quad\rightarrow\quad a^2+b^2=c^2$$

毕达哥拉斯（勾股）定理的证明

这就是毕达哥拉斯定理，也称为勾股定理（我国古代称直角三角形为勾股形，直角边的短边为"勾"，长边为"股"，斜边为"弦"）。西周时期的数学家商高虽然发现了"勾三股四弦五"的关系，但毕达哥拉斯的归纳更具普遍意义。

毕达哥拉斯定理看似直白，实际计算并不简单。许多数字无法精确表示，只能以数学中的"开方"或者"根号"表示。例如，$\sqrt{2}$不能被表示为两个整数的比值，其小数形式是 1.41421356…，并且没有循环部分。据说，毕达哥拉斯学派的希帕索斯（Hippasus）证明了$\sqrt{2}$无法以分数表示，触犯了学派的根本性教义，因而被扔入海中。在那个年代，一不小心就容易为科学"献身"。

现在看来，毕达哥拉斯定理是多么美妙的数学语言啊，它的发现是数学史上的重要里程碑，从而奠定了几何学的基础，并启发了后世无数数学家的研究与探索。

邦贝利也头疼

头疼，是因为我们慢慢走到了虚幻的虚数这里。之前的数字是真实的，称为实数，包括有理数和无理数，更通俗地来讲，包括正数、负数、分数、小数和0。

实数是日常生活和科学研究中常用的数字体系，可以在数轴上找到明确的位置。然而，当数学家们面对一些看似无法解决的问题时，他们不得不引入一个新的概念——虚数。

1.4 虚数

只是一种被定义的符号。

虚数i被定义为$i^2 = -1$。我们学过乘法，两个一样的数字相乘，结果必然是正数——两个正数相乘的结果是正数，两个负数相乘的结果也是正数，即负负得正。然而，两个虚数相乘的结果是-1，这看起来就像数学家的恶作剧，竟然把一个平方的结果定义为负数。i为何如此超乎寻常？

这就要回到数学史上的一个故事——一元三次方程$ax^3 + bx^2 + cx + d = 0$的破解。

在文艺复兴时期的意大利，数学家很可能对同行们的进展一无所知，以挑战赛的形式相互竞争，胜出的一方获得职位。希皮奥内·德尔·费罗（Scipione del Ferro）是第一个解出一元三次方程的数学家，他在挑战中无往不胜，而且几乎将这个重大发现带进坟墓，只在弥留之际传授给一个学生。

数学家尼科洛·塔尔塔利亚（Nicolo Tartaglia）得知一元二次方程得到破解之后奋起直追——既然一元二次方程的解答可以从平面几何图形的面积入手，对一元三次方程就应该从立体几何图形的体积中寻求答案。吉罗拉莫·卡尔达诺（Girolamo Cardano）得知塔尔塔利亚的突破后向他求教，并发誓死守秘密。不过作为物理学家，他并没有数学家们守住看家本领的私心，直到偶然从费罗的女婿那里得知，费罗才是解出一元三次方程的第一人。既然这一成果并不属于塔尔塔利亚，他决定将其公之于众。

这个关于一元三次方程的曲折故事究竟和虚数 i 有什么关系呢？也许你已经知道，在解答一元三次方程的过程中，时常涉及需要开平方根的负数。刚才提到的几位数学家在面对需要开根号的负数的时候，手足无措。好在不久之后，拉斐尔·邦贝利（Rafael Bombelli）引入了虚数，也就是假设数字 $\sqrt{-1} = i$ 存在，在解答一元三次方程的过程中派上用场，抵消了负数的平方根，最终得出完美的答案。

但是，请注意，这并非一个完美的答案。可以认为它是一个数字，也可以认为它是一个运算。算不出结果就定义新的东西，这或许是屈服的方式。

总结和定义新的东西，可能是数学发展的一种方式。

虚数世界

恰如其名，虚数是有些"虚幻"的数，即 Imaginary Number。它的出现代表了数学家们的执着和对传统思维的挑战。

因为虚数 i，数字世界再一次扩大。之前提到，实数（Real Number）包括正数、负数、0、小数和分数。现在，虚数进入视野，而从虚数又扩展出复数（Complex Number）。复数由实数和虚数组成，可以写成 $a + bi$ 的形式，其中 a 和 b 都是实数，a 是实部，b 是虚部。复数可以表示为实数和虚数的组合，例如 $1 + 2i$。如果虚部 b 为 0，复数就变成了实数。

复数仍然可以在坐标轴上表示。复数平面是二维平面，其中 x 轴表示实部，y 轴表示虚部。复数 $z = a + bi$ 可以在复数平面上绘制为点 (a, b)。如果将复数 z 乘以 i，即 $zi = ai - b$，它的虚部就变为实部，实部变为虚部，也就是 (a, b) 变为 $(-b, a)$，zi 就是 z 绕原点逆时针旋转 90° 的结果。这就是虚数和复数平面的奇妙之处：虚数 i 可以用于复数平面中复数的旋转。

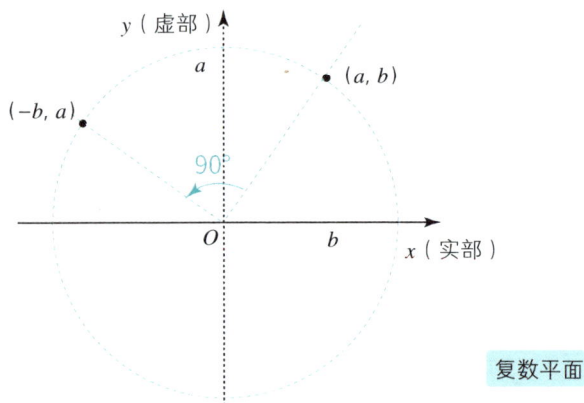

复数平面

复数平面上虚数的旋转

虚数并不虚无。在电学中，虚数被用来描述交流电路中的电压和电流的相位关系；在量子力学中，虚数让"薛定谔的猫"通往不可见的量子世界，这对于理解和解释量子力学现象具有重要意义；在工程领域中，虚数被广泛用于模拟和信号处理。

上帝公式

更令人惊奇的是欧拉的"上帝公式"（God's Formula），即

$$e^{i\pi} + 1 = 0$$

其中集结了自然常数 e、虚数 i 和圆周率 π，呈现出不可思议的数学平衡。上帝公式仿佛是数学世界的神秘密码，将看似无关的数优雅地联系在一起。这可能意味着什么……

上帝公式被认为是数学中最美的公式之一，因为它简洁地连接了 5 个重要的数学常数：0、1、e、i 和 π。这些常数在不同的数学领域中具有独立的重要性，但上帝公式将它们融汇在一个简单的等式中，展示了数学的内在和谐与统一。

这不仅体现出一种数学上的美感，更是对数学本质的深刻揭示。e 是自

然对数的底，描述了呈指数增长和衰减的行为；i 是虚数，扩展了数字世界，支持我们解决许多复杂的问题；π 是圆周率，连接了几何学与分析学。通过上帝公式，这些看似独立的数被奇妙地联系在一起，揭示了它们之间深层次的联系。

第2章 数据，从混沌到秩序

从正整数到小数、分数、0，再到负数、虚数及复数，数字世界宽广无垠。

数字和数据是不是一回事？显然，数据的范畴远超数字，它不仅是数字的组合，更是一种认识世界的维度的提升。伴随着数字化，数据呈现的形态不再只是单一的数字。

确切来说，数字是感受世界的触角，数据是认知世界的方式。

想象一下，数字和音乐是如何结合的？利用数字音频技术将连续的模拟音频信号转换为离散的数字信号，从而实现对音频信号的准确保存和高效处理。

现在的数字化音乐的制作，首先，通过采样技术将模拟音频信号在时间和幅度两个维度上离散化，形成一系列的采样点；然后，通过量化技术将每个采样点的幅度转化至离散的数字量化级别，以此通过有限的比特数来表示；最后，使用编码技术将量化后的数字信号转化为二进制码流，以便于存储和传输。

常见的 MP3、WAV、FLAC 等音频格式属于采样和量化后对音频数据进行的不同编码方式。对于不同音频格式，只要采样够细，人们听起来并不会感到有多大的区别。同样，图像也是数字，即由像素组合呈现的。

离散化的成功，很多时候源于人类感官的缺陷。

音频离散化的步骤如下图所示，取横轴为时间 t，纵轴为幅度 U，进行采样、量化和编码。只有通过音频播放设备（如扬声器、耳机）或计算机音频软件把数字信号转换回模拟音频信号，才能将音乐传到我们耳中。

U / t

波形图模拟数据 → 采样 → 量化

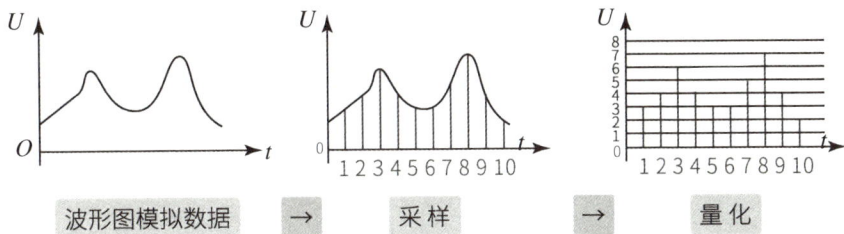

样本编号	1	2	3	4	5	6	7	8	9	10
值（十进制）	3	4	6	4	3	3	5	7	4	2
编码（二进制）	11	100	110	100	11	11	101	111	100	10

→ 编码

样本1 样本2 样本3 样本4 样本5 样本6 样本7 样本8 样本9 样本10

11　100　110　100　11　11　101　111　100　10

→ 数字信号

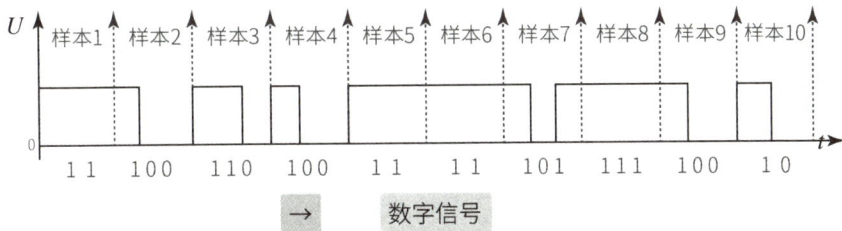

音频离散化的步骤

数字化与数据化

数字化、数据化，一字之差，截然不同。数据化强调量化，是指把现象转化为可进一步分析的形式；而数字化是指将数据转化为计算机能够处理的二进制编码。

数字化是人类感知世界的一种方式，而数据化是人类认识世界的一种手段。

数字化和数据化有什么差别？以数字化图书馆为例，当图书中的内容转化为数字化文本时，我们可以通过网络阅读图书，但转换为数字化图片后，只能浏览所有内容，无法查询关键词、找到特定的段落和语句。当图书中的语句、段落能够被识别时，数字化图片就成了数据化文本。

就像搭积木一样，数据被整理和组合，其中隐藏的规律和信息是可靠的基础。科学家运用数据验证或推翻科学假设；商人凭借数据洞察市场趋势；医生借助数据辅助诊断和治疗。无论是在日常生活还是学术研究中，数据都展现了无限潜力。然而，数据并非有益而无害。如何有效利用数据、避免数据泄露或误用，已成为亟待解决的问题。

数据，千姿百态

数据的千姿百态，不亚于世界的千姿百态。

在数据爆炸的时代，数据已经成为认知世界的"藏宝图"。其拥有的数字，是感知世界的"触角"。认知能力的提升，往往源于对数据的深入研究。数据维度和数量的飙升，带来了认知视野的拓展。

数据并非零零散散的数字，更多是集合、量化的。数列、向量、集合及矩阵都是数据的常见形式。

数字交织：数列、向量与集合

1.5 数列

一个有意义的排列。

"一二三四五，上山打老虎"。这首童谣包含一个特定的数列（Sequence），即从 1 到 5 的整数数列。数字和数列之间是什么关系？数列是按特定顺序排列的数字组成的序列，其中每个数字称为数列的项。

数列远非数的列举那般简单。在数学中，数列通常用于描述数字的变化模式，可用于完成各种任务，包括数学建模、计算和预测。

13 世纪，意大利数学家莱昂纳多·斐波那契（Leonardo Fibonacci）因找到了一种特定数列的特点而声名远扬。

1, 1, 2, 3, 5, 8, 13, 21…从第三项开始，每一项都等于前两项的和。根据斐波那契数列可以画出斐波那契螺线，也称为黄金螺线——数列的后一项与前一项之比越来越接近黄金分割率。斐波那契螺线出现在松果、菠萝、花朵、海螺等事物之中，其特殊的性质吸引着数学家、科学家和艺术家探索。

1.6 向量

穿越数字的多维宇宙。

你是否想过，计算机如何识别不同的人脸？这是采用基于向量的一种精密技术实现的——图像不仅是一堆彩色像素，而且是可以编码的向量。

向量（Vector）又称为矢量，能够有效地表征复杂的数据，以便进行处理。向量具有大小和方向两个维度，可以形象地表示为带箭头的线段，如 $\vec{a}$、$\vec{b}$、$\vec{c}$ 等。

二维向量 $\vec{v}$ 可以看作坐标原点与点 $(3, -2)$ 这两点之间的带有方向的线段。起点和终点可以自由变化的向量是自由向量，其能够向左、右、上、下平移，有无尽的表示方式，可以自如地穿梭于数字世界。

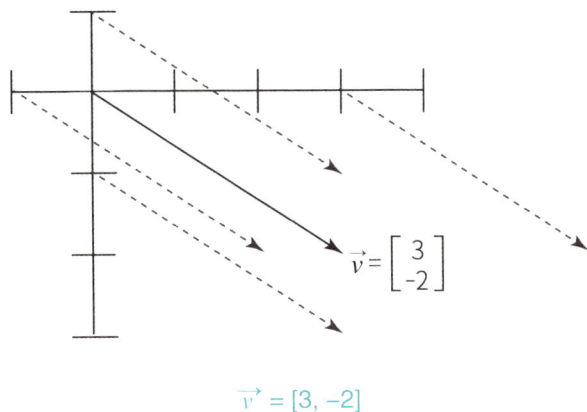

$$\vec{v} = [3, -2]$$

向量被广泛地应用于物理学、工程学、计算机图形学等领域，表示位置、速度、力等物理量，或在线性代数中表示空间中的方向，又或在机器学习和数据分析中表示特征向量和样本数据。比如在人脸识别领域，每个面孔都可以表示为高维向量，每个维度代表不同的特征，如眼睛的大小、位置等。计算机通过收集并分析大量的人脸数据，学习、识别不同脸部特征，并计算出相似度。

1.7 集合

数据堆叠的意义。

比起单一的数列，集合（Set）就像收纳箱，可以往里塞数字、字母、符号，甚至抽象概念和其他集合。集合理论是现代数学的基础之一，提供了一种统一的方法来处理各种数学对象。通过集合，我们可以定义和分析数列、函数、图形等复杂结构。

$A = \{2, 4, 6, 8, 10\}$ 就是一个包含 5 个偶数的集合。集合不仅可以用于整理各种元素，还可以进行运算，即把它们组合或拆分，找出并集、交集、差集、补集等。集合运算在数学的不同领域都派得上用场，比如概率论、逻辑学、集合代数和集合分析等。

集合看起来清晰明了、逻辑严谨。果真如此吗？有个出名的悖论。

小城里有个理发师张贴了一个广告，将为城里所有"不能给自己理发的人"理发。可是理发师自己的头发长长了，毛毛躁躁。他能不能给自己理发？如果他不能给自己理发，他就属于"不能给自己理发的人"，要提供热忱的服务；如果他能给自己理发，他就不属于他的服务对象，不该给自己理发。

这是罗素悖论（也称理发师悖论）。当罗素（Russell）在 1903 年提出这个悖论时，在数学界和逻辑学界引发了巨大的震动。

对于任意一个集合 A，A 要么是自身的元素，即 $A \in A$；A 要么不是自身的元素，即 $A \notin A$。根据康托尔集合论的概括原则，所有不是自身元素的集合可构成一个集合 S，即

$$S = \{x \mid x \notin x\}$$

这是罗素悖论的形式化表述。让我们仔细思考 S 的定义：S 包含所有不是自身元素的集合。那么，S 本身是否属于 S 呢？

如果 $S \in S$，则根据 S 的定义，S 不应该是自身的元素，即 $S \notin S$；如果 $S \notin S$，

则根据 S 的定义，它又应该是自身的元素，即 $S \in S$。这种自相矛盾的情况正是罗素悖论的核心。

罗素悖论揭示了集合论中的矛盾和逻辑困境，启发了逻辑学和哲学领域对自我指涉和逻辑悖论的深入探讨。当公理化集合论建立时，这些悖论被成功排除。例如，通过建立严格的公理体系，如策梅洛－弗兰克尔集合论（Zermelo-Fraenkel Set Theory，ZF），数学家们为集合论奠定了更加坚实的基础，确保了逻辑的一致性和严谨性。罗素悖论不仅挑战了数学家的认知，也推动了数学和逻辑学的进一步发展，最终促成了更为完善的公理体系的形成。

矩阵与黑客帝国

矩阵（Matrix），顾名思义，是由数学对象按照行和列排列成的矩形数组，每个数学对象称为矩阵的一个元素。

假设有一个小型矩阵，其中包含一些数字。这个矩阵可以表示为

$$\begin{bmatrix} 2, 5, 9, 0 \\ 3, 7, 4, 7 \end{bmatrix}$$

这个矩阵 A 是一个 2×4 的矩阵，有 2 行、4 列。元素按照行和列排列，如同一块块精巧的拼图恰如其分地镶嵌在矩阵中。第 1 行第 1 列的元素是 2，第 2 行第 3 列的元素是 4。

矩阵具有神奇的变换能力，行和列可以改变，元素可以是各种数学对象。矩阵中的每个元素可以是实数、复数或其他数学对象。矩阵可以进行多种运算，用于解线性方程组、实现线性变换和解决向量空间中的问题等，还可以用于表示和变换三维图形的位置和方向等。矩阵是精巧的数据框架，数据有条不紊地排列，正如计算机中的表格，二者有异曲同工之妙。

电影《黑客帝国》的英文名是 *The Matrix*，正是当前讨论的矩阵的意思。虚拟世界和矩阵有什么渊源呢？电影中经典的绿色数字雨场景中的"雨滴"是不断变化的矩阵，仿佛是一场宏大的数学变幻游戏。更深层的关联或许在于控

制和操纵现实的概念：数字世界和电影中一样，模糊了现实和虚拟之间的界限，让人捉摸不透。

在现代科学中，矩阵有着广泛的应用。例如，在图像处理中，矩阵用于表示和操作图像数据；在矩阵变换中，矩阵被用来旋转、缩放和平移图像。矩阵还被应用于机器学习、量子力学、网络分析等领域，是不可或缺的工具。

矩阵的灵活性和强大功能使它成为现代数学和科学的重要组成部分。无论是在理论研究中，还是在实际应用中，矩阵都展示出无穷的魅力和潜力。通过矩阵，我们得以窥见数据和空间结构的奥秘，探索科学和技术的前沿。

定义世界的新维度

若数据不加以分类，就如同一堆胡乱堆积的杂物，既混乱，也无从利用。要从未分类的数据中找到有用的信息，简直就像大海捞针。正是因为有了系统的分类，混乱的数据才开始显现出秩序，原本难以掌握的纷繁细节也逐渐清晰起来。譬如，通过对生物进行分类，我们得知亚洲象和非洲象虽同为大象，却在基因上大相径庭，而更为惊人的是，它们竟然与早已灭绝的猛犸象更为亲近。这种出乎意料的联系，正是分类带来的发现。

数据分类同样如此。没有分类的海量数据不过是如"无头苍蝇般飞舞"的数字，只有经过分类，这些数字才有意义，才能让我们有效地进行检索、排序、存储，甚至从中窥见深藏的关联与规律。分类不仅是为了眼前的便利，更是为了未来能够以更高效、更智慧的方式利用数据。正如整理书架，我们不仅是为了方便眼前的阅读，更是为了长久的积累。

数据分类的方法多种多样，选择哪一种取决于我们需要从数据中提取的信息和应用的场景。我们不妨先从两种基础的分类入手：定性数据（Qualitative Data）与定量数据（Quantitative Data）。

定性数据和定量数据就如同观察世界的双重视镜，前者聚焦现象的本质与内涵，后者刻画事物的规模与程度。

定性数据：探寻事物的本质

定性数据，如同观察万物时的第一感知。它关乎事物的"是什么"，而不在于它们"有多少"。想象你走进一个花园，面对五彩斑斓的花朵，你首先感受到的是花的颜色、形状、气味，而不是花具体的数量和大小。这些不关乎数字的特征就是定性数据。

定性数据常用来描绘事物的类别和特性，譬如，我们可以将水果分为苹果、香蕉、橙子等，也可以按照口感、颜色等特征将其区分。这就像我们对一群人的初步认识：他是高的，她是瘦的，另一个人说话风趣。这些印象虽然不能直接拿来计算，却是我们理解事物、识别差异的重要依据。就像文学作品中的人物塑造，性格、背景、爱好都是定性数据。

定性数据的魅力在于它描绘了一个多姿多彩的世界，用语言和符号赋予了我们对事物的基本理解，它不够精确，但足够丰富。

定量数据：发现数字背后的精确世界

与定性数据不同，定量数据用来剖析世界的另一面。定量数据不关心花园中的花有多美，而是在意它们的数量、高度，甚至花瓣的长度和宽度。定量数据如同一把标尺，将世界切割成精确的数字，使得事物间的比较和运算成为可能。

想象你站在一片森林中，定量数据就像持着测量工具的科学家，记录着每棵树的高度，计算着它们的年龄，甚至推算这片森林的碳排放量。定量数据帮助我们理解世界的精确性，它让我们能够通过数字看清万物的内在逻辑与关系。

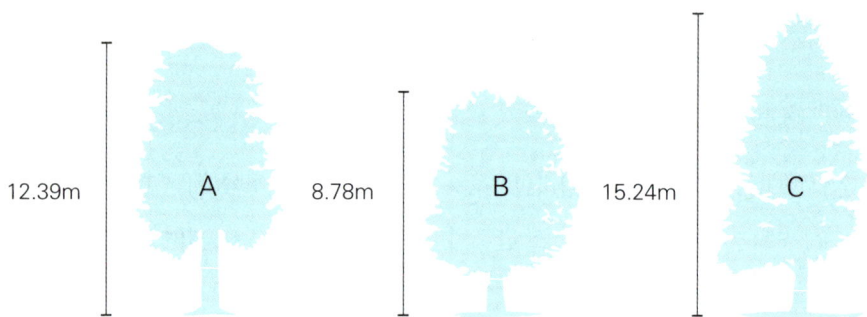

12.39m　A　8.78m　B　15.24m　C

树木高度的记录

如果说定性数据描述了一个故事，定量数据则给故事中的每个角色设定明确的数字背景。比如在体育比赛中，得分、时间、距离等定量数据使得每一场比赛都变得更加具体和可分析。定量数据如同镜头下的放大镜，透过数字的表达，我们看到了世界运作的精密机制。

定性数据与定量数据的碰撞：故事与事实的结合

使用定性数据与使用定量数据是我们探索世界的两种不同方式。有时，定性数据和定量数据像一对相互补充的伙伴，一边告诉我们事物的性质，一边为我们提供精确的测量。两者结合，既赋予了我们理解复杂事物的多维视角，也让我们能够从宏观到微观，甚至从感性到理性，全面洞察数字世界。

没有定性数据，感知是苍白的；没有定量数据，认识是模糊的。

寻找数据的家谱

就像生物界有无数的物种和亚种一样，数据也丰富多样，需要继续抽丝剥茧。按照数据的度量特性和属性的不同，定性数据分为定类数据与定序数据；定量数据分为定距数据与定比数据。无论怎么分类，都可以让我们在了解数据的时候更有条理和章法。

定类数据是十分简单的一类定性数据，仅用于标识不同的类别，没有任何数量上的意义。比如，性别（男性、女性）、血型（A 型、B 型、AB 型、O 型）等都是定类数据。定类数据的主要作用是分类和标签，而不是进行数值比较。

定序数据不仅可以用于标识类别，还可以用于确定顺序。比如，教育程度（小学、初中、高中、大学）和满意度等级（非常不满意、不满意、一般、满意、非常满意）等都是定序数据。定序数据无法进行精确的数学运算。

定距数据是一种定量数据，不仅包含顺序关系，还具有相等的间隔。比如，温度（摄氏温度、华氏温度）和时间（年、月、日）等都是定距数据。定距数据可以进行加、减运算，但没有绝对零点，因此无法进行乘、除运算。

定比数据是十分完整的一类定量数据，具有绝对零点，所有的数学运算都适用。比如，长度、质量、年龄和收入等都是定比数据。定比数据不仅可以进行排序、加、减，还可以进行乘、除运算，具备最高的测量层级。

这些分类方法不仅是我们认识数据的方式，也是我们认识世界的方式。这些认识方式是很重要的，是刻在我们骨子里的，如同我们传承千年的文字一样。

分类：各种各样

昏昏沉沉的你坐在咖啡馆里，想点一杯什么咖啡呢？有美式、拿铁、卡布奇诺、摩卡、意式浓缩、白咖啡等，这些咖啡彼此各异，但并没有明显的次序或等级之分。把咖啡分为不同的类别——定类数据（Nominal Data），也就是根据事物的某些特征或属性对数据进行分类或分组。

咖啡的分类

点评的魅力

正当你喝着卡布奇诺时，突然收到了一张反馈表，让你对其口味满意度进行评分。这是一张利克特量表（Likert Scale），5 个数字分别对应"喜欢""有点喜欢""一般""有点不喜欢""不喜欢"5 种不同的评分选项。店家收集到的数据是定序数据（Ordinal Data），是具有特定顺序或等级的数据类型，虽然可以进行数据的比较和排序，但数字之间并不表示确切的差异或量化的大小。每个数字代表一种态度或评价，但不能用来做数学运算，并不像定量数据那样精确。

利克特量表

喜欢	有点喜欢	一般	有点不喜欢	不喜欢
5	4	3	2	1

卡布奇诺

卡布奇诺的满意度调查表

冰咖啡、热咖啡

一杯冰美式与冰块的温度都可以用 0 ℃ 来表示。但是 0 ℃ 并非表示没有温度——用水的冰点作为 0 ℃。10 ℃ 到 20 ℃ 与 20 ℃ 到 30 ℃ 的温差都是 10 ℃。这里关于温度的数据是定距数据（Interval Data），这类数据为数值，可以进行加、减运算，但不能进行乘、除运算（因为乘、除运算要求以一个绝对零点作为参照）。像摄氏度这样的度量标准可以让我们理解温度的相对差异，但并不能表示绝对的大小关系，就像无法用几杯冰咖啡的温度来描述一杯热咖啡的温度。时间也是一样，不能说公元 3000 年是公元 1000 年的 3 倍。

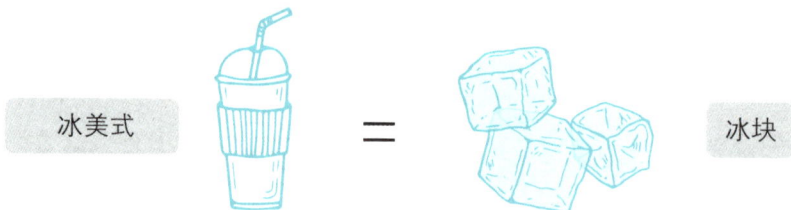

冰美式 = 冰块

两个均为 0 ℃ 的物品

乘除、有无

定距数据不能进行乘、除运算，如果需要进行乘、除运算该怎么办呢？

这就需要定比数据（Ratio Data）了，它能够进行各种数学运算，而且没有负数。在定距数据中，"0"表示某一个数值，如上文中提到的 0 ℃；而在定比数据中，"0"表示"没有"或"无"。如下图所示，可以说这是个空房间，此时"空"表示房间里的人数为 0。当房间里的人数为 4 的时候，是房间里有 2 人时的 2 倍。

没有人的空房间

另外，身高、体重、收入、年销售额、市场份额、失业率等都是定比数据。可以说某产品 2019 年的销售额 200 万元比 2018 年的销售额 150 万元增长了约 33%；某小镇今年的就业率 60% 是去年就业率 30% 的 2 倍。

数据分类揭示了数据的多样性。定类数据、定序数据、定距数据和定比数据各具独特特征，体现了数据生态系统的多样性，是探索数字世界的重要途径，有各自的分析和呈现方式。数据分类并非止步于此。若关注数据的安全管理，数据可以依照来源、内容和用途分类，也可以按照价值和影响力等分级。

整数多还是偶数多？

"我看到了它，却不敢相信它。"

一个非常有意思的问题是，当我们面对数据的时候，怎么比较多少呢？

比如，比较两个学校中哪个学校的学生人数多，这个非常容易。但是，当趋向无穷的时候，世界突然就翻天覆地了。

比如，究竟是正整数多，还是偶数多呢？按常理，正整数既包含奇数又包含偶数，数量应该更多。但实际上，它们一样多，即正整数和偶数一样多（这里的"一样多"，数学中更准确的表述是"等势"）。因为每个正整数 n 都可以与正偶数 $2n$ 一一对应，就像你给左手和右手的每根手指分别编号，发现两只手的手指数目一样。

编号或对应是比较无穷数量的好办法。

无穷中的惊人现象还有很多。伽利略（Galilei）曾提出一个悖论：自然数 1、2、3……与它们的平方 1、4、9……居然一样多！这就像每本书有对应的书架位置，尽管只有特定书的位置是平方，但所有书都可以找到它们的位置，最终两者数目一样。

有一个有趣的例子——有理数和整数一样多。

格奥尔格·康托尔（Georg Cantor）证明了有理数和整数一样多。有理数看起来比整数要多，但康托尔通过将所有的有理数排列成一个无穷大的表格，然后用 45° 斜线从中贯穿所有有理数，如下图所示，将每个有理数与正整数一一对应，就像把一大堆盒子按照某种顺序排列，发现这些盒子和手中的无数颗弹珠一样多。

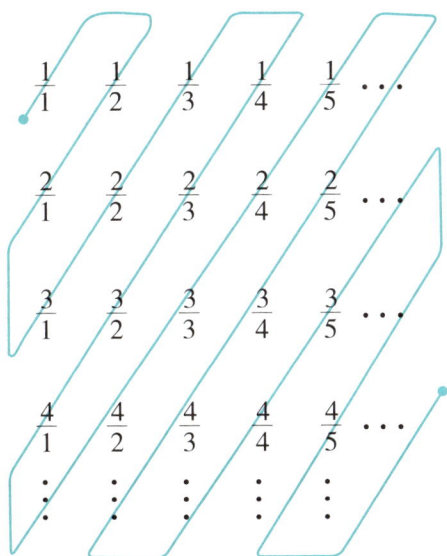

$$\frac{1}{1} \quad \frac{1}{2} \quad \frac{1}{3} \quad \frac{1}{4} \quad \frac{1}{5} \quad \cdots$$

$$\frac{2}{1} \quad \frac{2}{2} \quad \frac{2}{3} \quad \frac{2}{4} \quad \frac{2}{5} \quad \cdots$$

$$\frac{3}{1} \quad \frac{3}{2} \quad \frac{3}{3} \quad \frac{3}{4} \quad \frac{3}{5} \quad \cdots$$

$$\frac{4}{1} \quad \frac{4}{2} \quad \frac{4}{3} \quad \frac{4}{4} \quad \frac{4}{5} \quad \cdots$$

有理数和整数的比较

还有更有意思的，任何两条线段上的点一样多。在线段 a 上任找一个点，可以在线段 b 上找到唯一且不重复的对应点；在线段 b 上任找一个点，可以在线段 a 上找到唯一且不重复的对应点，这样就可以说这两条线段上的点一样多。

显然，我们构造下图所示的三角形即可。线段 a 和 b 平行。在线段 a 上任找一点，通过连接顶点，可以在线段 b 上找到对应点；同样，在线段 b 上任找一点，也可以在线段 a 上找到对应点。

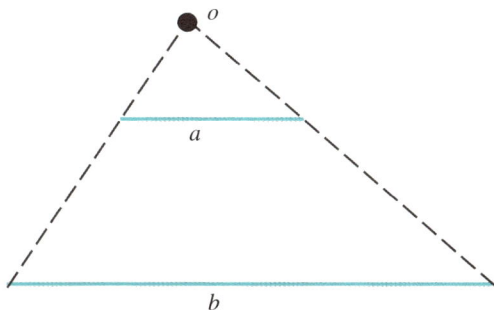

线段的比较

更奇妙的是，康托尔还发现，尽管整数和有理数是"可数无穷"的，但实数比它们"更多"。这就像虽然海滩上有无数颗沙子，但水中的分子比沙子还多！这种"不可数无穷"让无穷的世界变得十分神秘。

更多有意思的结论如下。

- 一条线段上的点与一条直线上的点一样多！
- 1cm 的线段内的点与太平洋海面上及整个地球内部的点一样多！
- 偶数集合、奇数集合、自然数集合、整数集合、有理数集合的元素数量一样多！
- 实数集合与 [0, 1] 内的实数的数量一样多！
- 正方形和它的一条边有相同数目的点！

这些结论的证明在此不赘述。在无穷的世界里，"部分"可以与"整体"一样多。

第3章 大数据蔓延：信息洪流的光与影

如海水蔓延一样。从远古的结绳记事，到现代的信息流，数字发展的轨迹就像时间的暗流，起伏不定。然而，今天的大数据已不再是当初为计算而生的单纯符号，它蜕变成了另一种力量——一种无形的巨力，笼罩着人类生活的方方面面，既指向光明，又暗藏深渊。

就像我们无法追溯语言的起源一样，数字的起源也已湮没在历史的尘埃中。然而，随着时间的推移，数字从记录交易的符号变为大数据时代里资源的象征。今天，数字不再只是数学家的工具，而且是全社会的"血脉"，从个人到国家，大数据如同空气，无处不在，无时不有。它驱动经济，助力医疗，牵动每个人的情感，甚至成为国家博弈的新武器。

在这场变革的前沿，社交媒体犹如一张看不见的巨网，捕捉人类细微的行为、情感与欲望。曾几何时，人类通过书信和面对面的交流来建立联系，如今，我们的每一次点击、点赞、分享背后都埋藏着复杂的算法与数据模型。

各国政府对大数据竞相追捧。他们通过数据优化城市规划、应对灾害、管理交通，似乎一切都变得高效和精准。然而，在这套庞大的系统中，如何把握好数据使用的边界，值得我们思考。

我们今天所处的大数据时代，已经不只涉及数据的获取与处理。数据分析早已进化为一门近乎玄学的技术，复杂的算法不仅让我们看到趋势，还让我们误以为自己掌控了未来的"脉搏"。然而，庞大的数据也带来了难以控制的后果。信息如潮水般涌入，但人类的理解能力在这洪流中显得渺小而无用。正如黑洞般的"数据孤岛"，海量的数据堆积如山，却无法真正被理解和利用，反而成为混乱的源泉。

当我们站在大数据的浪潮前，不得不警醒：数据的光辉背后，藏着巨大的阴影。

数据不仅是推动社会前进的力量，也是潜伏在暗处的威胁。每一个数据都像大海中的浪花，闪烁着耀眼的光芒，但这光芒可能会迷惑我们，遮蔽真相。

数据宇宙，爆炸了！

1.8 数据爆炸

不仅是信息时代的另一种升维，也是无序到有序的演化。

数据爆炸究竟意味着什么？数据爆炸是一个时代的开端，还是前数据时代的终结？或者蕴含其他含义？

数据爆炸不仅意味着数据量的猛增，更在于数据的指数级增长和飞快的积累速度。试想一场数字世界中的烟火表演，烟花在我们的四周迸发出缤纷的光芒，或高悬于天际，或近在咫尺。这场壮丽的烟火表演无论在何时、何地都令人心驰神往。

然而，这场烟火表演并不意味着"黑夜"的到来。相反，这是一场永无止境的盛会。数据爆炸，不仅源于数字化技术的普及，更源于全球互联网的数据共享。数据的生成和共享，让人们能够在数据的海洋中自由穿梭，不断提高数据处理能力，持续保存和传输数据——就像烟花绽放永远留存在记忆中。

在计算机、互联网和移动设备上生成的大规模数据包括社交媒体动态数据、在线交易数据等，这都是这场烟火盛会中的光点。每一个数据都蕴含巨大的潜力，可以揭示人类行为、社会动态和自然规律。

出门旅游，在社交媒体上发布了一张照片，朋友们或者网友们开始给这张照片点赞。每一个赞是这场烟火盛会中的小火花，在天空中留下了明亮的痕迹。这个简单且日常的场景完美诠释了大数据的特性，也就是通常所说的大数据"4V"特性（也有 5V 这种说法）：数据量大（Volume）、速度快（Velocity）、种类和来源丰富（Variety）和价值密度低（Value）。

数据星辰

大数据无边无际。在社交网络的巨大舞台上，随时呈现着朋友们的即时数据。在某些平台，还可以关注兴趣相投的陌生人、明星、商业巨头、科学家、政治家等。从最初的少数用户到如今数不胜数的社交媒体内容，数据世界的璀璨光芒愈加耀眼夺目。

要理解大数据的"大"，不妨看看下图所示的数字，这些数字采集于 2023 年。

Facebook(Meta)
100亿+
互动/日

YouTube
500h+
上传视频数/分钟

谷歌
10亿+
搜索量/日

物联网产生数据的设备/日
预计 10亿+

各知名平台的数据量

- Facebook（Meta）每天处理的数据量：超百亿个点赞、评论和分享等互动。
- YouTube 每分钟上传的视频数量：超过 500 h 的视频内容。
- 谷歌每天的搜索量：超十亿次搜索。
- 物联网每天产生数据的设备：预计将超过数十亿台设备。

使用不同的计量单位，是衡量不同数据大小的方法。随着数据量的不断增长，我们需要使用合适的单位来描述和管理数据。一个文件的大小为 2 MB，表示这个文件占用了 2 MB 的存储空间。我们大概知道一篇文章、一本书、一首歌、一部电影的大小，这对于理解和比较数据的大小是很好的参考。

● 单位	● 缩写	● 说明
○ 位	○ bit	○ 最小的数据单位，表示一个二进制位（0 或 1）
○ 字节	○ B	○ 由 8 个位组成，是计算机中常用的存储单元，一个字节可以存储一个 8-bit ASCII 字符
○ 千字节	○ KB	○ 1 KB=1024 B，常用于表示较小的文件的大小或存储容量
○ 兆字节	○ MB	○ 1 MB=1024 KB=1024×1024 B，常用于表示文件、图像、音频等中等大小的数据的大小或存储容量
○ 吉字节	○ GB	○ 1 GB=1024 MB=1024×1024×1024 B，常用于表示大型文件、视频、软件等的大小或存储容量
○ 太字节	○ TB	○ 1 TB=1024 GB=1024×1024×1024×1024 B，用于表示非常大规模的容量，如硬盘容量、数据中心存储等的存储容量
○ 拍字节	○ PB	○ 1 PB=1024 TB，用于表示极大规模存储容量
○ 艾字节	○ EB	○ 1 EB=1024 PB，用于表示超大规模的存储容量，如云的存储容量
○ 泽字节	○ ZB	○ 1 ZB=1024 EB，用于表示更加大规模的存储容量
○ 尧字节	○ YB	○ 1 YB=1024 ZB，用于表示极端规模的存储容量

常见的数据计量单位

数据万象

数据是多维度的。社交媒体上的点赞数据不只关乎点赞的数量，而且包含许多细节：点赞的人、点赞的时间、点赞的内容等。这些数据一起构成了多样化的数据集合。

数据如同万花筒或者多棱镜，呈现出多种形态和角度，我们能从不同的角度观察和描述事物。数据的维度指的是数据集中包含的数据的特征或属性的数量，而维度的多少决定了数据集的复杂程度。多维度的数据可以从多个角度精确地描述事物或对象，是大数据的一个关键特征。

- 二维数据：常以表格形式呈现。每一行代表一个样本，每一列代表一个特征。比如一份学生成绩表，每一行是一个学生，每一列是一门课程的成绩。

- 三维数据：包含 3 个特征维度，呈现时通常需要运用复杂的可视化技巧。比如在三维空间中定位一个点的坐标 (x, y, z)。

- 多维数据：不受维度数量的限制，在实际运用中充满多样性。比如在图像处理中，每个像素借由 3 个维度（R、G、B）来描述，而高分辨率图像可能用第四个维度表示透明度。

- 高维数据：在机器学习领域，高维数据的特征维度远超三维。高维数据需要特定的处理和分析方法。在文本数据中，每个文档可以被表示为词的向量，每个词作为一个维度，综合为高维的文本数据表达。

- 时间序列数据：可以视为一种特殊的高维数据，其中时间维度是一维的，而其他维度代表特征随时间变化的情况。比如气温测量数据中每个时间点对应一个温度数值。

- 图数据：在网络分析中，图数据描述了节点和边的关系，即存在两个维度，分别是节点维度和边维度。社交网络中的用户可以作为节点，而用户之间的关系可以作为边。

理解诸多不同的数据并非易事，尤其是那些构成高维空间的高维数据。想象一下，每个高维数据都是高维空间中的一个点，每个维度相当于一个坐标轴。就像在一个多维宇宙中，每个点都有其独特的位置。然而，要直观地理解这个复杂的多维宇宙并不简单。

● 维度	● 一般形式	● 举例

○ 二维数据 ○ 表格 ○

	课程 1	课程 2	课程 3	课程 4
学生 A				
学生 B				

○ 三维数据 ○ 三维空间 ○

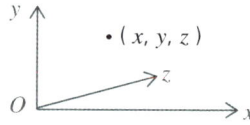

○ 多维数据 ○ 多维描述 ○

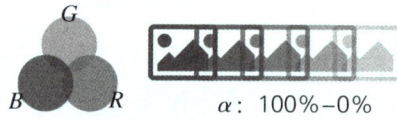

α: 100%–0%

○ 高维数据 ○ 数据集 ○

○ 时间序列数据 ○ 数据集 ○

○ 图数据 ○ 关系维度分析 ○

○ 高维空间 ○ 数据集空间 ○

数据维度的诸多表现

　　试想一下，你在一个充满无数维度的空间中漫步，每个维度都像一条独特的道路，这条道路可能代表年龄、收入、身高或其他特征。高维空间的复杂性让人难以用常规思维去理解，就好像试图在迷宫中找到出口一般。

　　为了让高维空间变得更加清晰，我们需要借助一些强大的技术，例如降维技术。降维技术就像一块神奇的透镜，可以把高维空间中的数据压缩到我们能够理解的二维或三维空间中。这就好比用一幅地图来表示一个复杂的城市布局，使我们能够一目了然地看到主要的街道和地标。

数据价值

社交媒体上的数据不断地涌现，就像风暴一般迅猛，需要利用快速且高效的处理方法及时、有效地处理"数据风暴"。

我们仿佛置身于数据漩涡中。究竟哪些是真正具有价值的数据，哪些是"垃圾数据"？传统的数据处理方式在浩荡的数据浪潮前力不从心，需要利用更高端的技术和工具，在数据的海洋中筛选出有价值的信息。这不仅是数据挖掘，更是数据淘金。

数据本身可能并不具备意义，需要通过分析得出有价值的结论。就像从河流的泥沙中淘洗出金子，或者从矿石中提炼出真金。以社交媒体的点赞和互动数据为例，平台可以通过分析这些数据，了解用户的兴趣，提供个性化的内容推荐，将用户与他们真正关心的内容连接。这对于提供更好的服务和发掘潜在的价值至关重要。

大数据的巨大体量，使得精确性不再是数据分析的主要目标。在大数据中，数据杂和多不可避免，关键在于如何从杂、多的数据中提取有价值的信息。大数据的"4V"特性让我们能更好地理解其性质和挑战。这些特性不仅影响了数据的收集、处理和分析方式，同时决定了数据对业务和决策的价值。

一切皆数？

毕达哥拉斯认为一切皆数，数是万物的本质，万事万物都可以由数来解释。在大数据时代，是否一切皆数？

把数据解构成体系，从体系之中解读数据的意义，是深刻地理解和解读多变的世界的一种方式。

除了上面提到的一维数据、二维数据、三维数据等数据，还有许多种类的数据。这一部分将进一步探讨在现代数据世界中其他形形色色的数据。

视觉数据：目光之所及

视觉感知是最直观的数据获取方式之一。想象一下，我们用眼睛观察世界——从欣赏艺术作品到分析天气预报的雷达图，我们所见的一切几乎都可以转化为数据形式。视觉数据不仅涵盖日常所见的一切，还在数据可视化中扮演着重要角色，如通过图像、图表和视频等形式传递信息。与看一幅画类似，图像和图表中的数据让我们以直观的方式捕捉复杂的模式和趋势。

- 图像：想象你翻看手机相册，里面的每一张照片实际上都是图像数据。无论是度假时的风景照片，还是显微镜下的细胞照片，图像数据可以帮助我们记录和分析世界的每一个细节。

- 图表：一种更加简洁的视觉数据的呈现方式。比如，在你准备投资股票时，折线图能够清晰地展示市场的波动情况，帮助你做出投资决策。类似地，公司年度收益柱状图的展示就像一场"数据马拉松"，每个数据条目都代表一个跑道上的运动员，直观展示着谁跑得最快（即业绩最好）。

- 图形模型：在玩《我的世界》或《刺客信条》这样的电子游戏时，实际上玩家是在和一个巨大的三维图形数据集互动。每个虚拟世界里的树木、房屋、人物等都是通过图形建模和渲染出来的。在图形模型的帮助下，我们能够在虚拟世界中经历冒险、探索新天地，甚至开展教育培训。

- 数据可视化：在分析复杂数据时，借助颜色、形状、大小等视觉元素来构建图表，可以帮助我们快速掌握信息。例如，商业分析中的热图可以像天气预报中的温度图一样，直观地展示出不同区域的表现强弱。

- 地理信息系统（GIS）数据：当你使用导航软件时，屏幕上不断更新的地图实际上是 GIS 数据的实时应用。无论是寻找最近的咖啡馆，还是了解城市发展规划，GIS 数据可以帮助我们在空间中精确地定位和获取信息。

图形数据类型

视觉数据不仅帮助我们以直观的方式理解世界，还成为沟通复杂概念的强大工具。如今，增强现实（AR）、虚拟现实（VR）和人工智能技术的结合，将视觉数据的应用拓展到了医学、设计和娱乐等多个领域。试想未来，医生可以在手术中通过 AR 技术实时查看患者的三维扫描图，而设计师可以通过 VR 技术预览建筑设计。

符号数据：寻找意义

我们总是在寻找意义。

符号学家认为，符号具有意义，是思考的根基。C.S. 皮尔斯曾言"符号必须能够被其他符号所解释"，这不仅侧重符号于认知的意义，也足以见得符号之广。利用符号数据进行沟通是日常交流中最亲切的方式之一。

- 文字数据：你每天在发送短信、写邮件时，实际上都在生成文字数据。想象一下，一本百科全书几乎囊括了人类所有的知识，而它全部依赖文字数据来传递。

- 标志和图标：无论是街头的交通信号灯，还是手机上的应用程序图标，都能帮助我们在日常生活中快速做出决策。例如，对行人来说，红灯亮意味着停，绿灯亮意味着行。类似的小符号在复杂的信息传递中发挥着巨大的作用。你可以将它们想象成信息世界的"路标"，指引我们走向正确的方向。

- 符号系统：在特定领域，如数学、编程和音乐领域中，符号系统能帮助我们表达和传达复杂概念。你可以把符号系统想象成一种专业语言，例如编程语言。通过符号系统，科学家、工程师和艺术家们可以创造出如同建筑师设计的宏伟大厦一样复杂的东西。

- 标识和代号：超市中的条形码、机场航班代码、银行账户等都是我们在日常生活中使用的标识和代号。标识和代号帮助我们高效管理和处理各种事务，简化复杂的流程。

- 地图符号：当你登山或旅行时，地图上的小图标就像向导，能帮助你找到方向。无论是表示河流的蓝色线条，还是表示山脉的等高线，都是理解地理空间信息的关键。

符号数据能跨越不同领域进行传播。无论是书写、阅读、导航、编程，还是制图，都离不开符号数据。文字数据是符号数据中重要的一部分，包罗万象。无论是传统媒体，如图书、报纸、杂志、宣传册等，还是数字媒体，如互联网、社交媒体、博客、网站等，甚至是商业文件、合同、报告等，文字数据都必不可少。文字数据也是学术研究的支柱，学术论文、研究报告、文献资料等描述了研究方法、结果和结论，传承着学术脉络。电子邮件、短信、聊天信息等都是我们利用文字数据进行日常沟通的方式。文字数据的广泛应用如图所示。

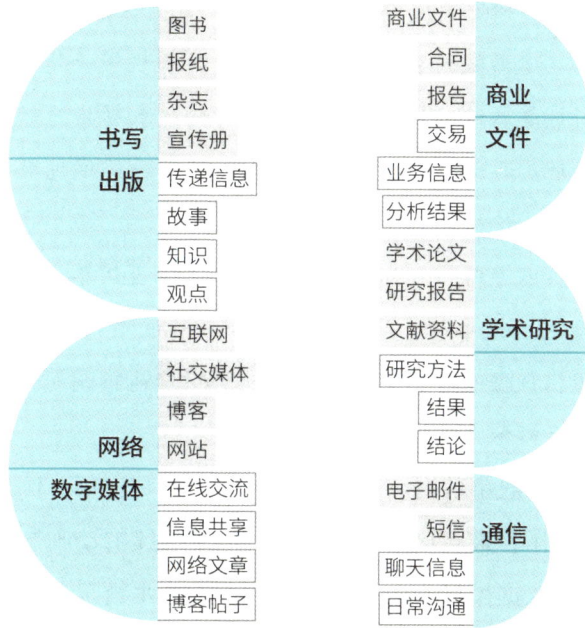

文字数据的广泛应用

作为极为复杂且微妙的符号系统，文字数据传承着文明和文化，不仅记录了历史，保持了文化价值和特性，也表达了古今共通的感情，展现了一个充满美、想象力和创造力的世界。在数据化时代，现代科技帮助我们打破不同语言系统的隔阂，在保持各个文化独立的特性的同时，通过文本编辑、分析、自然语言处理、机器翻译等，实现普遍的跨文化的沟通和交流。

数字数据与模拟数据：虚实之间

从数据的获取或表示方式来看，数据分为数字数据（Digital Data）和模拟数据（Analog Data）。

想象一下，你正在欣赏一首优美的音乐。声音是模拟信号，它以连续的形式传递。如果我们用计算机来录制这段音乐，它会将模拟音频信号分解成数字信号，再以离散的数字形式进行存储。模拟音频信号与数字信号之间的转换就像摄影机捕捉到的每一帧画面，将连续的动作"切片"成一系列的静态图像。

- 数字数据：以离散的数字表示数据，是计算机擅长处理的形式。例如，当你使用计算器进行计算时，它会将你的输入转换为数字数据，并进行精确的处理。再如，在购物时，商店的库存系统通过数字数据记录每件商品的数量、价格和销售情况。
- 模拟数据：以连续信号形式表示，用于捕捉自然界中连续变化的现象。例如，天气预报中的气温变化曲线和声波的频谱图都是模拟数据的应用。在模拟数据的帮助下，科学家能够精确地预测气候变化、分析声音结构，甚至模拟未来的场景。

在日常生活中，数字数据和模拟数据的应用交替进行。例如，在电影制作中，特技演员的动作会被转化为数字数据，用于后续的动画制作，而天气模拟依赖于复杂的模拟数据模型，以预测未来几天的降水情况。你可以将这两类数据想象成互补的搭档，一个擅长捕捉精准的数字，另一个则适用于描绘连续的自然现象。

谁说数据百无一用？

正如一个故事的序章，若不妥善保留，便难以展开其后的精彩篇章。

数据保存可不仅是例行操作，也是整个数据旅程的起点。数据如同"沉睡"的宝藏，只有小心翼翼地保存它、保护它，它才有可能在未来的某一刻展现出惊人的价值。数据保存不仅是确保数据完整性和可靠性的关键，更是日后发掘信息、做出明智决策的坚实基础。

像松鼠一样储藏

1.9　数据存储

犹如过冬的松鼠。

过冬的松鼠常常会忘记把松果储藏在哪里，有一天我们突然需要数据的时候，会不会也找不到它们？

存储数据就像松鼠储藏松果，没储藏好，到冬天翻找不出来就麻烦了。最早的数据存储技术，比如数字数据存储（DDS），就像松鼠最原始的囤积方式，虽然慢，但能用。数据存储技术把数据压缩、加密，像松鼠把松果小心翼翼地储藏起来，防止变质。然而，一旦你急需找回数据，往往要花不少时间，这就像松鼠忘了将松果储藏在哪儿，急得团团转。

接着，硬盘技术出现了，"松鼠"变聪明了，不再把"松果"随便乱储藏，而是建设了一个用于分类存储的"仓库"。数据随时可取，不用再经历漫长等待。硬盘不仅存得多，而且速度快，随时可以打开"仓库门"，轻松找到特定的"松果"。然而，硬盘有个"致命"问题——机械部件容易损坏，"仓库门"偶尔会卡住。

为了解决这个问题，我们用固态硬盘（SSD）代替硬盘，它没有机械部件，速度快，故障率低。这就像松鼠有了现代化的冷藏室，可以随时拿随时吃松果，再也不担心损坏或丢失。

进入 21 世纪，数据量越来越大，云存储成为主流。"松鼠"变得"慵懒"，干脆不自己囤了，直接把"松果"托管给"云端"，可以随时从云端"下载"。这不仅解放了本地存储，还确保了"松果"的"安全性"，无论走到哪都能取回来。

未来的数据存储技术可能更加夸张，例如量子存储和 DNA 存储。想象一下，一个小小的"松果"能够储藏下"整片森林的食物"。这些技术或许能让我们实现无限存储的梦想，随时随地存取，既高效又可靠，完全告别"找不到松果"的烦恼。

从最初的磁带，到如今的云存储，再到未来的量子存储，每一次技术革新，都像松鼠在不断升级它的储藏策略。未来数据存储只会变得更快、更安全、更高效。

管理数据王国

拥有了数据，难道就万事大吉了吗？其实不然，真正的挑战才刚刚开始。面对数据爆炸、数据海洋，我们很容易被淹没。如果不能从中厘清逻辑和发现价值，数据不过是无用的堆积物。数据生态及部分细分领域列举如下图所示。

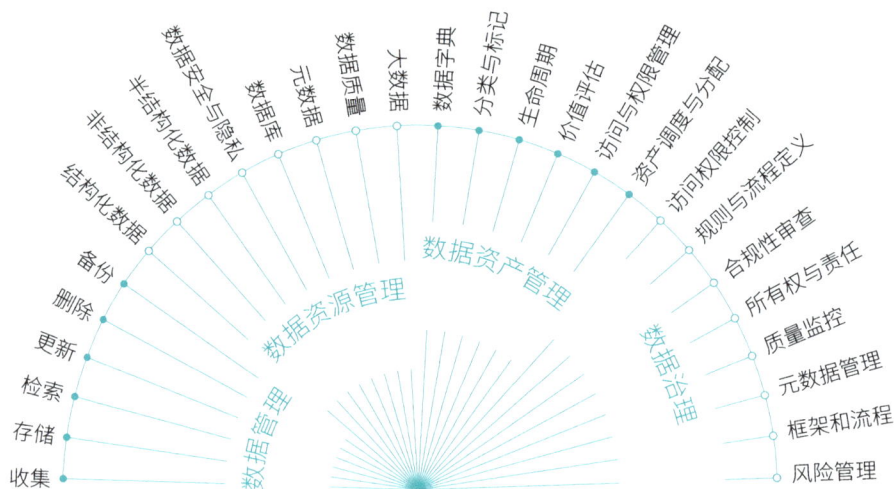

数据生态及部分细分领域列举

数据管理（Data Management）就像图书馆管理，你得知道书在哪里、怎么分类、如何快速找到。数据管理的目的是收集、存储、检索、更新、删除、备份数据，保证数据准确、完整，并且随时可用。没有数据管理，手上的数据再多也只是一片混乱。

数据资源管理（Data Resource Management）更像让不同图书馆之间互通有无，确保你在任何一个图书馆都能找到你想要的书。如今，医院已经在使用数据资源管理方法，将患者的电子病历、影像资料、实验结果整合在一起。医生可以快速获得全面信息，从而更好地为患者服务。使用这种高效管理方法已经成为大势所趋。

数据资产管理（Data Asset Management）是指把数据当作钱，让数据增值、发挥商业价值。金融机构通过数据资产管理分析客户交易数据，制定最佳投资策略，这实际上是在寻找数据中"最值钱的那一块"。这就是把数据当成财富，不浪费其中蕴含的每一条有用的信息。

数据治理（Data Governance）就像给数据世界制定一套法律，让数据的流通、使用有规可循。跨国公司必须建立严密的数据治理体系，确保不同地区的数据处理符合当地法律要求，这样才能保证数据的安全、合规和透明。

数据世界就像一个复杂的生态系统，各种数据资源相互依存，形成一张密不可分的网。文本、图像、音频等各种形式的数据就像不同的生物，共同构筑了这个多样化的生态系统。而我们在这个生态系统中必须学会识别"冰山下隐藏的巨大潜力"，否则数据的价值始终只会浮于表面。

第二部分

方法的演变：从运算到算法

古代的集市上，人们围着摊位忙碌，用手指、木棍或算筹盘算着交易是否划算，说不定还带着布匹和粮食甚至牵着牛羊，想在合适的时候和摊主交换。那时的数学并不高深，主要依靠直觉和简易的工具来衡量和计算价值。

虽然简单的加、减、乘、除足以应付，可零散的数字并未揭示规律。如果你觉得人类已经心满意足，那就大错特错了。人类不仅学到如何计算、判断时日，还十分善于观察周遭的世界，如观察蜘蛛织网的精确几何结构、蜜蜂筑巢的空间规划、天上星星的轨迹。尽管每一张蜘蛛网、每一个蜂巢、每一颗星星都不尽相同，但它们的构成或运行似乎存在规律。能否以数学的方式诠释这些规律？

数学是描述和解释世界的一种语言。如何不费周章地准确测量金字塔的高度？古代的数学家已经提供了答案。在今天，对计算来说，仅准确还不够，我们渴望更高效，算法应运而生。算法是一种步骤明确、有条不紊的解决之道。

终于，计算机奇迹般地降临。原本存在于头脑中的算法思路，现在可以由计算机忠实地执行。从古老的集市到今天的数字世界，方法的演变就像奥德赛之旅，充满了艰辛、挑战、勇敢和执着。

第4章　书写宇宙的句法

　　运算（Operation）源自拉丁语中的工作、劳动。"运算"一词借用了其中操作的含义——执行特定的步骤，产生相应的结果。

　　如果说数学是书写宇宙的语言，运算就是数学中的句法。借用维特根斯坦（Wittgenstein）的名言"语言的边界就是世界的边界"，数学的边界不断延伸，从简单的加、减、乘、除发展到更为复杂和抽象的数学运算。

2.1　运算

从输入到输出。

不仅是买菜

　　基本运算贯穿于日常生活，我们习以为常。当然，仅运用加、减、乘、除可能就会相当有趣。比如用等差数列求解 $1 + 2 + 3 + 4 + \cdots + 99 + 100$、计算 12345679×63（9 的 7 倍）$= 777777777$（9 个 7）、根据沃利斯公式推算圆周率的数值……基本运算是数学有趣的基础。

棋盘也有力量

　　高级的运算方法往往展现出惊人的潜力，应用于意想不到之处。

平方和根号

假设一名年轻的农场主继承了一大片土地，他第一时间就统计了这片土地的面积。年轻的农场主用大小不一的矩形近似地拼凑边缘不规则的土地，他发现一块 2 m 长、8 m 宽的土地和一块 4 m 长、4 m 宽的土地面积相同，如下图所示。不过后者略为特殊，长宽相等，呈正方形。计算正方形的面积需要进行平方（Square）运算，即将一个数值与它本身相乘一次。边长为 4 m 的正方形土地的面积就是 4^2 m²，即 $4 \times 4 = 16$ m²。如果正方形土地的边长为 x，它的面积就是 x^2。

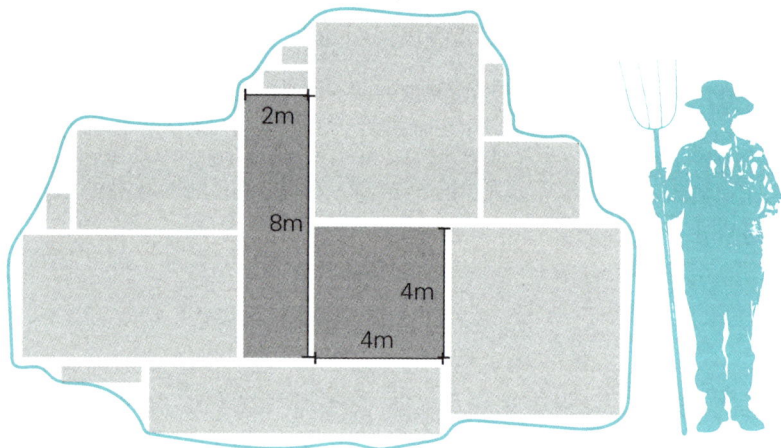

农场主与土地

有一天，邻居想向农场主买一小块正方形土地建一个牛棚。他问牛棚要多大，答曰 15 m² 左右。于是他进行了一番推算，4 的平方是 $4^2 = 16$，16 和 15 很接近，面积为 15 m² 的正方形土地比边长为 4 m 的正方形土地的面积略小。这就是平方的逆运算，即平方根（Square Root）运算。

常见的平方根运算包括平方根和立方根，分别表示数的 2 次和 3 次根，用数学符号表示分别为 $\sqrt{a}$（或 $a^{\frac{1}{2}}$）和 $\sqrt[3]{a}$（或 $a^{\frac{1}{3}}$）。计算一个数的立方根，比如 8，就是找到一个数 x，使得 $x^3 = 8$，这里 $x = 2$。

当然，在很多时候，平方根运算的答案并非显而易见，比如实际上我们无法直接算出 15 的平方根的精确数值，它是一个无理数，约等于 3.8730，可以直接用 $\sqrt{15}$ 来表示。

平方和根号常用于几何中的对角线长度、面积等的计算，也用于速度、加速度、力和能量，以及电路中的电压和电流等各种物理量的计算，还用于金融学中的复利、统计学中的标准差和方差等的计算。

1、1^2、1^3 虽然在数值上都是 1，但并不完全等同：1 可以看作一条长度为 1 的线段，1^2 可以看作边长为 1 的正方体的面积，1^3 可以看作边长为 1 的正方体的体积。从一次、二次、三次直到无法直观想象的更高幂次，这是升维的过程。反过来，平方根、立方根及多次方根，这是降维的过程。小小的符号轻而易举地实现了维度的升降。

棋盘与麦粒

2.2 指数

爆发的力量。

相传古印度有一位国王，坐拥无尽的权力和财富，却厌倦了荣华富贵。一天，一位老者带着自己发明的国际象棋来觐见。国王如痴如醉，在国际象棋的博弈中重新感受到生活的乐趣。国王慷慨地想要赏赐他，老者不要金银财宝，而是提议在棋盘上的第 1 个格子上放 1 粒麦子，第 2 个格子上放 2 粒，第 3 个格子上放 4 粒，每一个格子上放的麦粒数量都是前一个格子的倍数，直到 64 个格子放满为止。国王潇洒地答应了看似卑微的要求。

麦子的总数应该是多少？——18446744073709551615 粒。来数一数吧，千万之上是亿，千亿之后是兆，再往后呢？总之是不知如何去数的天文数字。古印度甚至全世界 1000 年的产量都不够！

让我们来看一看棋盘最后一格的麦子数量应该是多少。这个数量是 2^{63}，其中 2 是底数，63 是指数或幂。当底数大于 1 时，即使底数相对较小，通过重复的自我相乘，数值的膨胀速度也令人惊叹。

辽阔的棋盘

2.3 求和

此"求和"非彼"求和"。

往棋盘上放麦粒，起初易如反掌。放到第 6 个格子的时候，麦粒总数是 $1+2+4+8+16+32=63$。有没有更简洁的数学表达？

每个棋盘格子上的麦粒数量都是以 2 为底数的指数，从 2 的 0 次幂开始，可用求和符号写作 $\sum\limits_{i=0}^{5} 2^i = 2^0+2^1+2^2+2^3+2^4+2^5 = 63$。

其中求和符号 Σ（sigma）来自希腊字母，是希腊语中表示"增加"的单词 $\sigma o \gamma \mu a \rho \omega$ 的大写首字母。国王不管派多少臣民、掏空国库都拿不出来的麦粒数量就可以简洁地写为 $\sum\limits_{i=0}^{63} 2^i$。

但是如何算出确切的数值？各个棋盘格子上应有的麦粒数量其实构成一个等比数列——每一项与前一项的比值（公比）是常数，这里的公比是 2。若以 q 来表示公比，第 n 项就是 $a_n = a_1 \cdot q^{(n-1)}$。每一项的总和写作：

$$S_n = a + aq + aq^2 + \cdots + aq^{n-1}$$

将 S_n 乘以公比 q，得到：

$$qS_n = aq + aq^2 + aq^3 + \cdots + aq^n$$

由第二个等式减去第一个等式，得到：

$$qS_n - S_n = aq^n - a$$

即

$$S_n(q-1) = a(q^n - 1)$$

最后解出

$$S_n = a(q^n - 1)/(q - 1)$$

假如国王有这般智慧（当然，还要宫廷里有人能算出 2^{64} 或者能够意识到指数运算呈爆炸式增长），就不会让自己深陷无法实现的承诺。现在看来，这个运算并不复杂。

$$S_{64} = \frac{1(2^{64} - 1)}{2 - 1} = 18446744073709551615$$

飞吧，塔罗牌！

塔罗牌是一套由 78 张牌组成的神秘工具，每张牌都有其独特的象征意义。而在塔罗牌的世界里，顺序非常重要，不同的排列方式可能会传达出完全不同的结果。每一次洗牌和抽牌都是在无数种排列中选择出某一种排列。

命运与阶乘

2.4 阶乘

塔罗牌的故事。

元宵佳节，你有 5 个色彩各异的灯笼，红色灯笼、黄色灯笼、蓝色灯笼、绿色灯笼、紫色灯笼，分外鲜艳。要把它们挂在门廊上，有多少种排列方式？

第一个灯笼有 5 种选择，一旦选定了第一个灯笼，就剩下 4 个灯笼可以排在第二个位置，以此类推，直到剩下最后一个灯笼。因此答案是 $5 \times 4 \times 3 \times 2 \times 1 = 120$ 或者 5 的阶乘（Factorial）5!。这意味着共有 120 种不同的方式将五彩灯笼排列悬挂。

这就是阶乘的妙处。阶乘用符号 $n!$ 表示，其中 n 是一个正整数。$n! = n \times (n - 1) \times (n - 2) \times \cdots \times 2 \times 1$（0 的阶乘定义为 1）。阶乘在许多领域中都具有重要的应用，特别是在排列领域中，因为它强调了次序的不同（红色灯笼、黄色灯笼、蓝色灯笼、绿色灯笼、紫色灯笼和黄色灯笼、红色灯笼、蓝色灯笼、绿色灯笼、紫色灯笼属于不同的排列方式）。无论是在概率论、计算排列组合中，还是在其他领域中，阶乘都不可或缺。

塔罗牌排列的神奇之处恰似数学中的阶乘。假如你有 5 张牌，每张牌的位置都会影响对它们的解读。如果你用这 5 张牌进行排列，有多少种可能的排列方式？答案是 5! = 5 × 4 × 3 × 2 × 1 = 120 种不同的排列方式。同样，塔罗牌的排列有 120 种不同的解读。

乘法魔法

求和可以用求和符号 ∑ 表示，连续乘积是否也有简洁的表达方式？当然有。4 的阶乘可以写成：

$$4! = \prod_{i=1}^{4} i$$

连续乘积使用大写的希腊字母 ∏ 表示。不同于阶乘，连续乘积的应用不限于整数，可以是小数、分数或实数，通常用于描述呈指数增长、复利、连续变化等情况。

连续乘积可以一直继续，直到无穷乘积（Infinite Product）——将无穷序列的各项 a_i 相乘 $\prod_{i=1}^{\infty} a_i$。

"上帝" 在写新语言

越来越接近无限

1920 年左右，美国数学家爱德华·卡斯纳（Edward Kasner）时常在计算中运用 10^{100} 数量级的数字，他就让 9 岁的侄子给这个数字起个名字，googol 就此诞生。据说 Google 是 googol 的误写。10^{100} 实在是太庞大了——宇宙的原子数量大约是 10^{80}，googol 是它的 10^{20} 倍！

尽管 googol 大得不可思议，但它仍然是一个具体的数字，比它大 1、大 1000 的数字显然存在。googol 和无穷大（∞）的性质截然不同。

无穷大是数学的"神奇魔法罐"，其内容无穷尽，它的神奇之处在于，若是从一个无穷大的罐子中拿走一个对象，剩下的对象并未减少一丝一毫——在无穷大的情况下，比较大小不再那么明确或适用。

伽利略说，数学是"上帝"书写宇宙的语言。这个语言可以用想象力来解读，如下图所示。

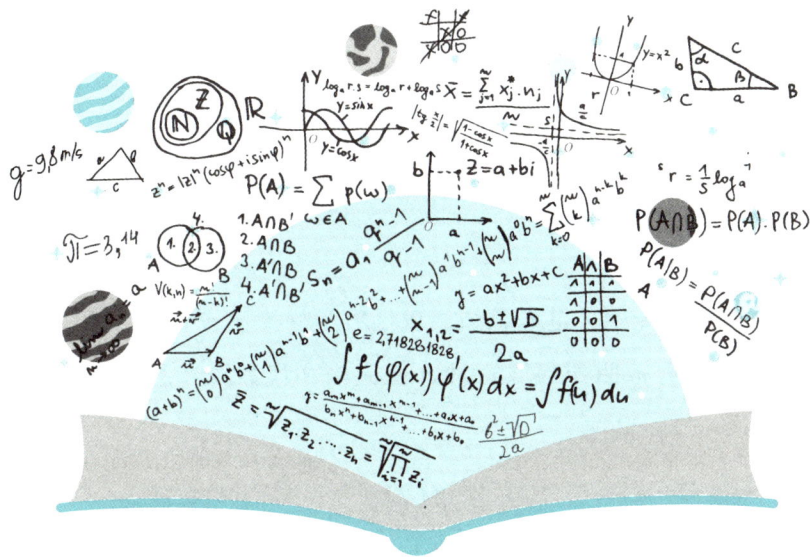

"上帝"书写宇宙的语言

数理存在于万物之中。关于数学的一个基本争论是，**数学是否本质性地存在并构筑了世界？** 我们是通过数学发现了规律，还是人为创造了数学符号和公式，再通过这些工具理解世界？数学是普遍真理，还是人为建构的？数学是独立于思想之外，还是植根于我们的内心？

对于这些问题，难以妄下定论。数学赋予了我们看待问题的诸多视角。当斐波那契研究兔子繁殖问题的时候，并没有料想到斐波那契数列隐匿于花蕾之中。数学在意料之外尽显奥妙。无论如何看待数学，它都在启发我们探索未知的领域。

第5章 公式的规律与方程的思维

万有引力公式解释了为什么苹果会从树上掉落，为什么地球绕着太阳运行。

比萨斜塔，小心铁球

代数的那点事

代数是解密的开始，也是总结、概括数学规律比较好的方式。毕达哥拉斯定理在国外没有被叫作勾股定理，这应该和代数没在我国萌芽有一定的关系。

2.5 代数

原本只是为了代替数。

5+5=10 和 $x + y = 10$ 这两个等式有何不同？

低头看看手指，数数左手的手指，数数右手的手指，相加等于 10。这是算术（Arithmetic），相当直观。

代数（Algebras）的概念出现甚晚，源于公元 9 世纪的阿拉伯语 "al-jabr"，意为 "完全" 或 "复原"，即使等式变得完整。代数用符号和字母来表达未知数，让数学世界变得更加丰富和抽象。代数以更普遍的方式，用逻辑和符号的语言，描绘更深入、更复杂的数学世界。

从十分简单的代数方程开始，现代科学已经发展出了包含成百上千，甚至几亿、几千亿个变量的关系网络。当看到这里的时候，你是否会惊叹于简单的代数竟然会进化到崭新的高度？

代数的革命性力量不可低估。代数引入符号和字母表示未知数，允许我们用抽象的变量描述数之间的关系。代数不仅用于特定的计算，而且用于以更普遍的方式，在严格的逻辑框架之下进行推理，从已知条件出发，设想各种可能情况，理解问题的本质。

$E = mc^2$ 的能量

2.6 公式

寻找世界的规律。

公式（Formula）拥有简洁且巨大的力量。

在爱因斯坦（Einstein）的相对论中，著名的公式 $E = mc^2$ 是解锁宇宙密码的关键，它揭示了质量和能量之间的等价关系，对于研究核反应意义重大。这个公式不仅重新定义了引力的概念，还支持黑洞的存在和宇宙大爆炸理论。颠覆性的力量凝聚于这个公式之中。

公式 $E = mc^2$ 中的每一个符号都蕴含着深刻的意义，其中 E 代表能量，m 代表质量，c 代表光速。这个公式告诉我们，质量可以转化为能量，能量也可以转化为质量，其转化率由光速的平方决定。这个简洁的公式深刻地改变了我们对宇宙的理解。

在核反应中，这个公式解释了为什么小质量的原子核裂变或聚变时会释放出巨大的能量。这个公式推动了核能的开发和利用，对现代科技的发展和能源的利用产生了深远的影响。同时，$E = mc^2$ 为我们理解宇宙的起源和演化提供了关键线索。

这个公式不仅具有科学意义，还象征着人类思维的伟大成就。爱因斯坦通过严密的逻辑推理和大胆的假设，揭示了宇宙中隐藏的基本规律。$E = mc^2$ 这个公式的诞生，标志着物理学的一个新时代的开始，它的影响远远超出了科学界，深刻地改变了我们的世界观。

斜塔的力量

伽利略成功质疑了亚里士多德（Aristotle）。亚里士多德认为物体下落的速度和物体质量成正比，即物体质量越大，物体下落得越快。伽利略却想，把质量（设定单位为 1）分别为 8 和 4 的石头绑在一起会怎样呢？若质量大的石头下落的速度（设定单位为 1）是 8，小的是 4，质量大的石头的速度会被小的石头拖慢，下落速度应该在 4 ～ 8，而两块石头的总体质量是 12，速度应是 12，这如何解释？伽利略因此推论无论质量大小，物体的自由落体速度不变。

伽利略是否登上比萨斜塔，在万众瞩目下投下铁球，众说纷纭。但不容置疑的是，伽利略的结论完全正确，无论是大铅球、小铅球，还是苹果和花盆，从同样的高度落下，重力加速度不变。

$h = \dfrac{1}{2} gt^2$ 这个著名的公式表示自由落下的物体的下落距离 h（单位：m）与时间 t（单位：s）之间的关系。其中重力加速度 g（单位：m/s^2）一般取 9.8 m/s^2（实际上重力加速度因纬度差异略有差别）。借助这个公式，我们可以将任意的高度或时间代入演算。例如，从 20 层楼上落下的物体需要多少时间才能到达地面？若层高为 3 m，20 层楼的总高度为 60 m，通过 $60 = \dfrac{1}{2} gt^2$ 推算出 t 的数值约为 3.50。

比萨斜塔与铅球

　　每个公式都表示特定的关系，但是许多不同的公式有所关联，交织成一个巨大的网络。自由落体的距离与时间的公式为 $h = \frac{1}{2}gt^2$，而物体在自由落体状态下的速度 v（单位：m/s）以公式 $v = \sqrt{2gh}$ 表示，进而可以算出从 20 层楼下落的物体的速度 v 约等于 34.64 m/s。这个数字看上去平平无奇，实际上相当惊人。假设陆地上奔跑得最快的猎豹的速度为 100 km/h，也就是约 27.78 m/s，那么从 20 层楼落下的物体比猎豹还要迅猛，足见高空坠物的危险性。

仅是寻求平等的机会

2.7　方程

寻找平等的机会。

　　未知数 x 像是数学世界的隐藏角色，改变了我们的思考和计算方式。在方程（Equation）中，未知数不仅可以代替一个数字，也可以代替多个数字或者多个变量。这里的未知数称为"元"，根据"元"的个数和次数，方程可以分为一元一次方程、一元二次方程、二元一次方程、二元二次方程等。

公元前 18 世纪，古巴比伦的数学家面临着一个问题：如何用方程解决几何问题？他们提出了一个经典的二元一次方程组来计算矩形的长度和宽度：

$$\begin{cases} l \times w + l - w = 183 \\ l + w = 27 \end{cases}$$

如何解这个方程呢？简单的方法当然是消元法，即减少未知数的数量。这里可以将 $l = 27 - w$ 代入第一个方程，使其变成一元方程，然后方程组就迎刃而解了。

真正的难题不在于数学本身，而在于你是否愿意为了破解它倾尽全力，费马大定理就是这种诠释：

$x^n + y^n = z^n$（$n > 2$）无正整数解。

费马大定理像是一个谜语，费马在一本书的边缘写下了这个谜题："我已经找到了一种绝妙的证明，但这里的空白不够写下。"于是，全世界的数学家们花了整整 358 年试图解开这个谜题。最终，英国数学家安德鲁·怀尔斯（Andrew Wiles）不顾一切地将自己关在书房，经过多年的努力，才在 1993 年破解了这个谜题。

规律，"函变不离其宗"

2.8 函数

无非是寻找变化的规律，从变化中捕捉永恒。

摄氏温度（Degree Celsius，单位为摄氏度，符号为℃）和华氏温度（Fahrenheit Temperature，单位为华氏度，符号为℉）的对应关系可以表示为℉ $= \dfrac{9}{5}$℃ $+ 32$。

摄氏温度以水的冰点作为 0 ℃，标准大气压下水的沸点作为 100 ℃，相应的华氏温度分别是 32 ℉和 212 ℉。这看起来像任意的数字，华氏温度的设定有何来由？华氏温度也许和诞生之初以 60 为单位的划分有关，也许因为以水银度量，考虑了水银的体积膨胀率。

解方程和摄氏温度与华氏温度之间的换算有着不同的数学角度。

解方程是解决一个数学问题，用于寻找未知数使等式成立。而摄氏温度和华氏温度之间的换算描述了一种特定的关系、一种对应的规则，是将一个集合的元素映射到另一个集合。一个输入一个输出，称为函数（Function）。通过函数，不同变量之间的依赖关系和转换规则一目了然。

函数图像

说到函数图像，不得不提康定斯基。

康定斯基（Kandinsky）通过圆形、半圆形、三角形、矩形和直线等几何图形，以冷静、精确的方式确定了画面的构图，如下图所示。这种形式似乎摆脱了情感的直接流露，取而代之的是一种纯粹的视觉语言。

尽管这些几何图形之间没有明显的逻辑关联，但它们在色彩的协调下产生了微妙的相互作用。这种相互作用为看似冰冷的几何图形注入了"生命"，使其具备了抽象的内涵。康定斯基用这些看似无机的元素创造了一种物质化的精神实体，在视觉层面带给了我们审美愉悦。这正是几何抽象艺术的魅力所在——通过简洁的形式表达复杂的内在情感与哲学思考。

康定斯基

　　函数作为集合映射，自变量（x）与因变量（y）的关系可以在平面坐标系中可视化为图像。函数图像实际上由一系列点构成，每个点代表函数的自变量和因变量的值（自变量和因变量的取值范围分别为定义域和值域）。每个单独的函数图像不仅是数学绘图，而且直观地展现了比例、曲线、周期等关系，这些关系在对称平衡和流动跳跃之间游走。线条与几何图形既纯粹又充满变化。

　　比如如何把天数转换为小时数呢？$f(x) = 24x$（$x > 0$）。

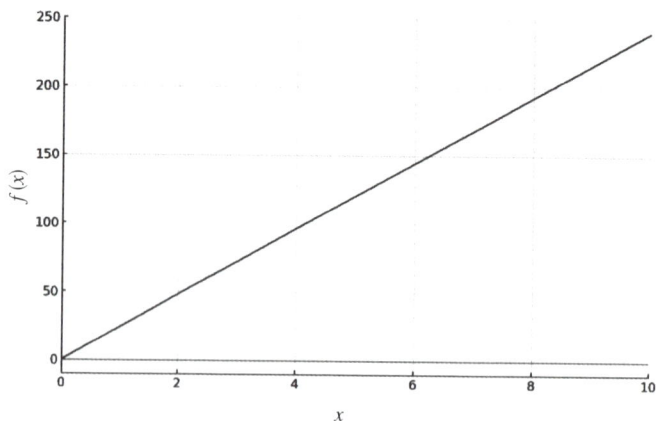

$f(x) = 24x$ 的图像

比如，圆的面积是多少呢？$f(x) = \pi r^2$（$r > 0$），其中小于 0 的部分以虚线表示，如图 2.6 所示。

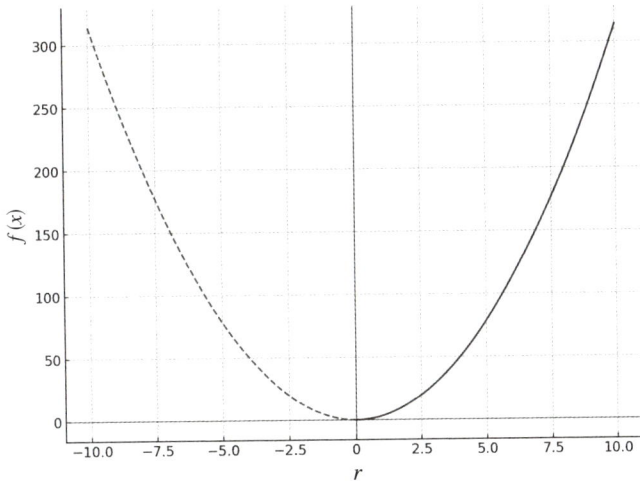

$f(x) = \pi r^2$ 的图像

坐标系中的函数图像直观地呈现了不同函数的特征。多项式函数是由常数项和幂次项的和构成的函数，在函数图像中可能表现为线性函数，也可能表现为抛物线（二次函数）或回归式抛物线（三次函数）。

还有更多不同的函数图像，$f(x) = 1.2^x$、$f(x) = 0.5^x$、$f(x) = \log_{10}(x)$ 的图像如下图所示。

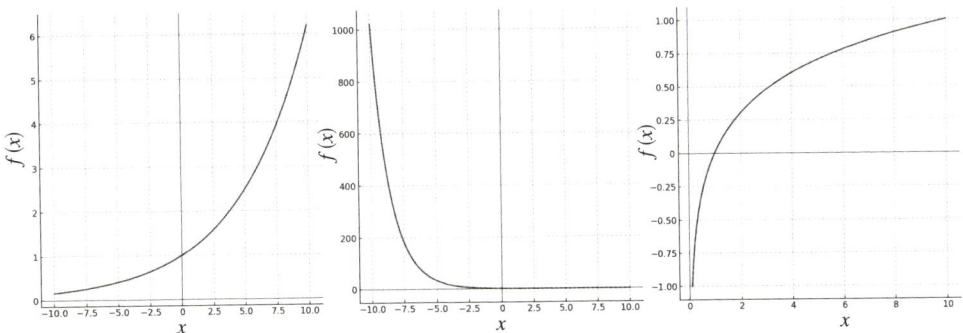

$f(x) = 1.2^x$、$f(x) = 0.5^x$、$f(x) = \log_{10}(x)$ 的图像

指数函数（Exponential Function）的图像显示出"指数级增长"的含义。指数函数的自变量为指数，通常表示为 $f(x) = a^x$，其中 a 为常数，称为底数。然而，当底数的取值范围在 $0 \sim 1$ 时，指数函数的图像呈现的就不再是"指数级增长"，相反，函数值随着自变量的增大呈指数衰减，无限趋近于 0。对数函数（Logarithmic Function）是指数函数的反函数，表示为 $f(x) = \log_a(x)$。

此外，还有三角函数，比如正弦函数（Sine Function）$f(x) = \sin(x)$，表示直角三角形中对边和斜边的比值；余弦函数（Cosine Function）$f(x) = \cos(x)$，表示直角三角形中邻边和斜边的比值。这两个三角函数的图像都是周期性的波浪线，可用于描述声波、光波、电磁波等周期性的波动，如下图所示。量子力学中微观粒子（如电子和光子）的波粒二象性（既具有粒子性质又具有波动性质）的波动性质可以通过正弦函数和余弦函数等三角函数来描述。通过这些函数，微观世界中通常不可直接观测的粒子的特性得以表达，为物理世界引入了新的理论框架。

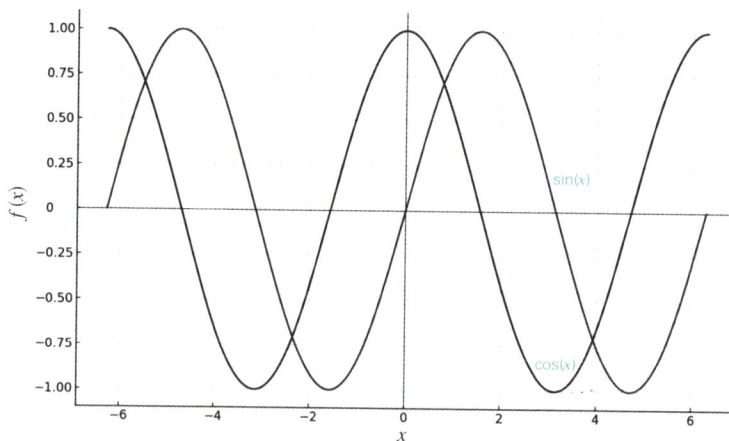

$f(x) = \sin(x)$、$f(x) = \cos(x)$ 的函数图像

五彩斑斓的方程

在数学世界里，不同的方程就像色彩斑斓的画笔，描绘出千姿百态的美丽曲线。每一个方程都代表着一种独特的几何形态，带领我们探索无限的可能。

◇ 双曲线（Hyperbola）$\frac{x^2}{a^2} - \frac{y^2}{b^2} = 1$。

双曲线宛如一对彼此相对的开口，两个曲线分支不断向远方延展，仿佛在进行一场无尽的追逐。双曲线在几何学中象征着速度与无限，常用来描述天体运动和物理中的特殊现象。

◇ 对数螺线（Logarithmic Spiral）$r = ae^{b\theta}$。

对数螺线能带你进入一个永不停止的旋转之旅。无论是自然界的贝壳，还是星系的旋臂，同一种神秘的螺线都能用这个方程表示。随着 θ 的增大，螺线从中心向外无限扩展，仿佛宇宙在向外膨胀。

◇ 李萨如曲线（Lissajous Curve）$x = A\sin(at + \delta)$，$y = B\sin(bt)$。

李萨如曲线描绘的是两种不同频率的正弦波的交错效果。李萨如曲线可以是简单的椭圆，也可以是复杂的交织图案，就像波浪在相互作用，展现了数学的动态美感。物理学中，李萨如曲线常用于描述振动和波动的模式。

◇ 蝴蝶曲线（Butterfly Curve）$x = \sin(t)(e^{\cos(t)} - 2\cos(4t) - \sin^5(\frac{t}{12}))$。

蝴蝶曲线是复杂数学的结晶，酷似蝴蝶翅膀的形状，展翅欲飞。蝴蝶曲线不仅让人联想到自然界中的美丽生物，还象征着数学中的复杂性和对称之美，带来一种独特的视觉享受。

◇ 玫瑰曲线（Rose Curve）$r = a\sin(k\theta)$。

玫瑰曲线是一朵开在数学中的美丽花朵。随着 k 的变化，曲线会绽放出不同数量的花瓣，形成优雅的对称图形。无论是 3 片、5 片还是更多的花瓣，玫瑰曲线始终保持着一种纯粹的几何之美，让人感叹数学中的诗意。

◇ 伯努利双纽线（Lemniscate of Bernoulli）$(x^2 + y^2)^2 = a^2(x^2 - y^2)$。

伯努利双纽线如同无尽的数字"8"或 ∞，呈现出对称且永恒的形态。它既优雅又简单，表达了数学中平衡与对称的概念。它既有趣又充满应用意义，常用于物理学中的多种模型。

◇ 阿基米德螺线（Archimedean Spiral） $r = a + b\theta$。

阿基米德螺线是一种均匀扩展的螺线，每一圈的间距始终保持一致。与对数螺线的变化不同，阿基米德螺线的规则性和对称性使得它常被用于艺术设计和工程中，比如螺旋形的楼梯和建筑结构。

◇ 心形线（Heart Curve） $(x^2 + y^2 - 1)^3 = x^2 y^3$。

心形线是以数学的方式精确地描绘出的完美心形。它不仅是几何学上的一个奇观，也被用来象征爱情与美好。心形线的方程在数学的严谨和情感的温柔之间架起了一座桥梁，勾勒出了人们心目中最温暖的形状。心形线表明数学不仅可以是理性的工具，还可以是表达感性美的媒介。

◇ 克莱洛六次线 （Cayley's Sextic） $r = a\cos(\dfrac{\theta}{3})$。

克莱洛六次线在极坐标下展现出三重对称性，具有三个明显的尖点，这些尖点类似于"花瓣"的顶端。当 θ 从 0 变化到 3π 时，曲线完整闭合，并在 $r = 4a$ 处达到最大值。其独特的几何形态不仅反映了代数曲线的复杂性，也常被应用于艺术设计和科学建模中，展示了数学与美学的完美结合。

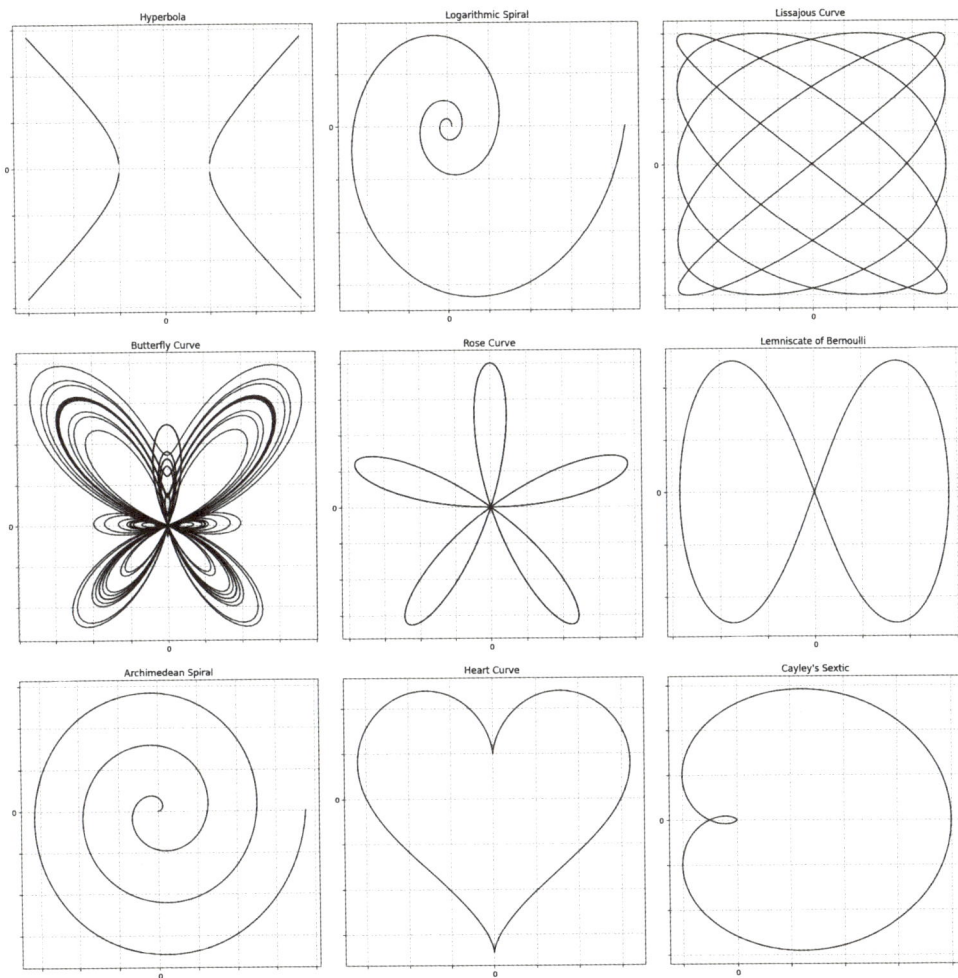

优美的曲线

方程曲线不仅是一种遵守规则的方式，也是一种看待世界的方式。

第6章 伟大的算法

2.9 算法

拆开来，有计划地一步步执行。

即使公式和方程看似无所不能，但很多复杂问题依旧无法通过公式和方程轻松解决。这时，算法（Algorithm）的价值就凸显出来了。算法的焦点不再只是答案，而是如何一步步找到答案。算法正如精心设计的计划，它不仅给出解法，还追求更快、更优雅。在计算机时代，算法变得更加不可或缺。

算法很像菜谱。想做一块蛋糕，你需要面粉、鸡蛋、糖、油等食材，然后按照规定的步骤一步步执行。输入的是食材，输出的是一块美味的蛋糕。而且，只要严格按照菜谱的步骤操作，不论多少次，总会获得同样的结果。这些步骤，正是算法的精髓所在。

按规矩办事

在算法世界里，有条不紊才是王道，究竟如何实现，算法从哪里开始？

我们来解决一个经典的难题：排序。排序看似简单，但不同的算法有着完全不同的效率和思路。排序的重点不在于答案是什么，而是如何找到最优的步骤。比如，将一组无序的数字 5、3、8、4、2 从小到大排列，光凭人脑思考或许能立刻得出答案，但让计算机自动化处理，就需要一个明确且可重复的算法。

2.10 冒泡

冒泡也可能是好的。

冒泡排序（Bubble Sort）是经典的排序算法之一。它之所以得名"冒泡"，是因为每一次排序的过程中，较大的数字会像气泡一样"冒"到序列的顶部。冒泡排序的基本思路非常直观——比较相邻的数字，如果它们的顺序不对，就交换位置，重复这一过程，直到没有需要交换的数字为止。

- 从列表的第一个元素开始，比较相邻的数字。
- 如果顺序不对，交换它们的位置。
- 继续比较下一对相邻的数字，重复这个过程。
- 直到某一轮结束时，最大的数字已经"冒"到序列的最后。
- 重复整个过程，但每轮都可以忽略已经排好序的部分，直到整个列表有序。

让我们用一组数字 5、3、8、4、2 来演示冒泡排序的过程。

- 第一轮。

5 和 3 交换，变为：3，5，8，4，2。

8 和 4 交换，变为：3，5，4，8，2。

8 和 2 交换，变为：3，5，4，2，8（此时最大的数字 8 已经排到末尾）。

- 第二轮。

5 和 4 交换，变为：3，4，5，2，8。

5 和 2 交换，变为：3，4，2，5，8（此时第二大的数字 5 排到了倒数第二的位置）。

- 第三轮。

4 和 2 交换，变为：3，2，4，5，8（此时第三大的数字 4 排到了倒数第三的位置）。

- 第四轮。

3和2交换，最终变为：2，3，4，5，8（排序完成）。

具体流程如下图所示。冒泡排序的每一步看似无聊，但每次数字的交换就像气泡在水中缓缓升起，一步步靠近最终的秩序。冒泡排序简单易懂，让人耳目一新，揭示了算法世界里"按规矩办事"的力量。

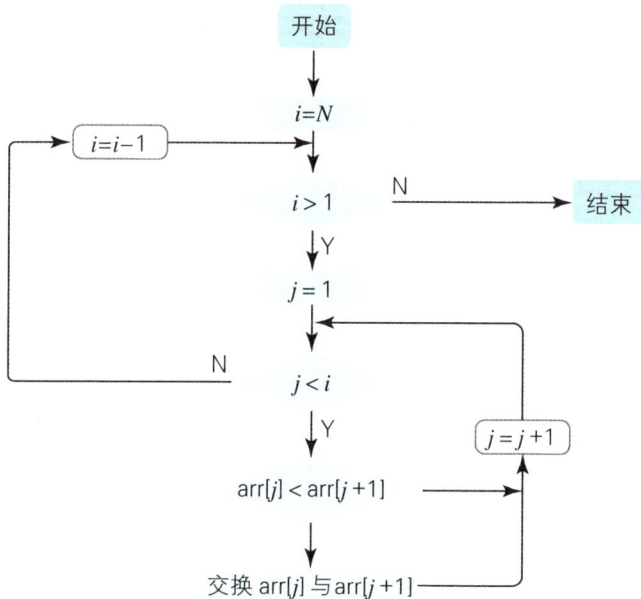

冒泡排序流程图

当然，解决排序问题，还可以用其他的排序算法。常见的排序算法包括归并排序（Merge Sort）、插入排序（Insertion Sort）、选择排序（Selection Sort）等。

- 归并排序采用"分而治之"的策略，不再完全依靠交换元素完成排序。其原理是将数组分成若干部分，分别对这些部分进行排序，然后将排序后的每两部分依次合并起来。

- 插入排序的原理是将未排序的元素依次插入已排序的部分中，保持已排序部分始终有序。
- 选择排序的原理是每次从未排序的部分选择最小的元素，并与未排序部分的第一个元素互换位置，然后从第一个元素之后的数列中选出最小的元素，并与第二个元素互换位置，依此类推。

算法的细节在此不赘述。

背包客的冒险

在计算世界中，排序算法只是算法的冰山一角。随着问题的复杂性逐渐增加，简单的排序算法显得力不从心，因此在解决复杂问题时，我们需要更强大的工具。动态规划（Dynamic Programming）和图算法（Graph Algorithms）是其中的佼佼者。动态规划就像在拼一幅复杂的拼图—— 每一块拼图都至关重要，只有当所有拼图完美契合时，整体图景才会显现。而图算法（一系列关于图的算法的统称）像迷宫中的探险者，能帮助我们解开错综复杂的路径问题，找到通向目标的最优路线。

动态规划算法

2.11　背包问题

如何取舍，是个问题。

当你踏上旅途，并且只允许带一个背包时，必须有所取舍。这就是经典的背包问题（Knapsack Problem）——给定一组物品和一个背包，每个物品都有各自的质量和价值，目标很明确，选择一些物品放入背包中，使放入背包的物品总价值最大，同时不能超过背包所能承受的质量。

如下图所示，假设背包所能承受的质量为 7 kg，需要从 4 件质量和价值各异的物品中选择，如何在有限的承重范围内把总价值最大的物品塞进背包？

	i	W	V
△	A	2	6
▢	B	2	10
✏	C	3	12
📖	D	5	14

物品质量价值表（w 表示质量，v 表示价值）

动态规划将问题拆分成子问题。先考虑只选择一件物品的情况——如果只选择一件物品，能获得的最大价值是多少。接下来考虑逐渐增加物品数量的情况，在背包承重范围内计算每个可能的物品组合的总质量和总价值。

若以动态规划解决背包问题，可以创建一个二维数组 dp，dp[i][w] 表示在前 i 个物品中选择，并且背包质量为 w 时的最大总价值。在初始化过程中，将背包质量为 0 或物品数量为 0 的情况设置为 0，也就是 dp[0][0]=0。

对于每个物品 i 和背包质量 w，我们有以下两种选择。

- 如果将物品 i 放入背包中，则总价值为 dp[i − 1][w − weight[i]] +value[i]（在前 i − 1 个物品中选择且背包质量为 w − weight[i] 时的最大总价值，然后加上第 i 个物品的价值 value[i]）。
- 如果不放入物品 i，则总价值为 dp[i − 1][w]。

我们在这两种选择中选择较大的价值作为 dp[i][w] 的值。

最终，dp[n][W] 就是在前 n 个物品中选择，并且背包质量为 W 时的最大总价值，其中 n 是物品的数量，W 是背包质量。

数学上表示为：

dp[i][w] = max(dp[i − 1][w − weight[i]] + value[i], dp[i − 1][w])

具体的二维数组如下图所示。

$i\!\!\!/\!\!\!/\!W$	0	1	2	3	4	5	6	7
A	0	0	6	6	6	6	6	6
B	0	0	10	10	16	16	16	16
C	0	0	10	10	16	22	22	28
D	0	0	10	10	16	22	22	28

物品质量价值最优规划

在背包质量为 0 和 1 的情况下，放不下任何东西，所以质量为 0 和 1 的这两列价值均为 0。再看物品 B 这一行，当背包质量达到 2 时，可以放入物品 A 或 B，但物品 B 的价值比质量相等的 A 更高；而当背包质量达到 4 时，两件物品均可放入。再看物品 D 这一行，当背包质量达到 5 时，物品组合最大价值为放入物品 B 和 C 时的 22，超过放入单个物品 D 的价值 14，因此记为 22。动态规划的巧妙之处在于它会记住已经解决的子问题，避免重复。当表格填满的时候，其右下角的数据就是最佳结果。

动态规划的整体思路是：将复杂问题分解为子问题，通过记忆化存储或递推的方法，避免重复计算，从而提高效率。动态规划经典的应用包括最长公共子序列、最短路径和背包问题等。

我们距离有多远？

"世界上最遥远的距离，不是生与死的距离，不是天各一方，而是，我就站在你的面前，你却不知道我爱你。"——张小娴《荷包里的单人床》。

然而，在大数据和大型社交网络时代，这种"最遥远的距离"正在悄然改变。我们彼此之间的距离究竟有多远？

"六度分隔"（Six Degrees of Separation）理论曾大胆推测，任意 2 个人之间最多通过 6 个朋友就能建立联系。六度分隔理论由匈牙利作家弗里吉斯·卡林蒂在 1929 年首次提出。尽管这在当时或许显得遥不可及，但随着社交网络的兴起，这个距离正在逐渐缩短。例如，Facebook 的研究表明，全球用户之间的平均连接距离已缩短至 3.57，这意味着通过 3 ~ 4 个朋友，几乎可以将世界上任何两个陌生人联系起来。

这种奇妙的连通性在图论中，通过广度优先搜索（Breadth First Search，BFS）等图算法得以验证。图算法不仅是一种工具，更是帮助我们探索复杂关系网的指南针，用于揭示人与人、节点与节点之间的关联路径。

可以将图算法视为解开复杂关系网络的钥匙。图（Graph）不是指传统意义上的图像，而是一种由节点和边组成的数学结构。每个节点代表个体或对象，而边代表它们之间的关系。在现实世界中，社交网络就是一幅典型的图，用户是节点，好友关系就是节点之间的边。

设想一下，图就像一座庞大的城市：城市中的每个居民（节点）都通过道路（边）相互连接。图算法的作用是帮助我们在这座城市中找出最佳路径，理解城市的结构，优化我们的行动计划。

假设社交媒体平台想要通过图算法为用户推荐好友，用户（节点）是这座"社交城市"的居民，而好友关系（边）是城市中的街道和小巷。平台通过分析用户之间的互动模式和兴趣，找到潜在的连接，从而推荐好友。这个过程就像为每个用户制定一条最有效的社交路线。

- 构建社交网络图：社交媒体平台基于用户及其好友关系构造一幅图，如下图所示。这幅图是有向图，用户是节点，用户之间的关注关系是边。
- 寻找目标用户：当用户 A 请求好友推荐时，图算法定位用户 A 在图中的节点位置。
- 寻找一级好友：图算法可以快速找到用户 A 的一级好友，即直接与用户 A 相连的好友 B 和 E。
- 寻找二级好友：广度优先搜索等图算法可以找到与用户 A 间接相连的二级好友，如 C、D 和 F。这些二级好友往往与用户 A 拥有共同的一级好友，可能有相似的兴趣。

- 评估推荐度：图算法不仅能找到二级好友，它还能评估用户 A 与二级好友之间的互动历史、兴趣相似性等多种因素。分析用户的兴趣标签，如下图所示，C、D、F 与 A 的共同兴趣标签被虚线圈出，图算法通过这一重合信息来评估是否推荐。

- 推荐好友：图算法根据推荐度向用户 A 推荐二级好友 C，增强社交网络的互动性。

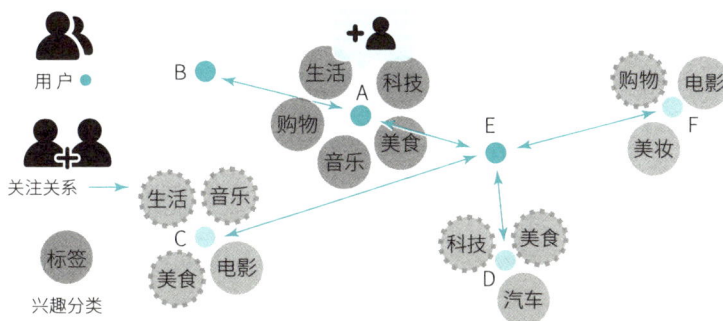

图算法案例

图算法的核心在于它不仅能迅速找到关系，还能结合多个维度进行推荐，比如兴趣相似度、互动频率等。在复杂的社交网络中，图算法如同导航仪般指引方向，使得推荐更精准、更高效。通过机器学习和数据挖掘技术，图算法在海量数据中提取信息，平衡效率和个性化需求，让每一次推荐都更贴近用户的期望。

常见的图算法包括广度优先搜索、深度优先搜索（Depth First Search，DFS）、迪杰斯特拉（Dijkstra）算法、贝尔曼 – 福特（Bellman-Ford）算法、最小生成树等。通过这些图算法，我们能深入理解和优化现实世界中的关系和网络结构，它们在社交网络分析、路径规划、资源分配、数据挖掘、生物信息学、计算机网络、知识图谱等方面应用广泛。

2.12　旅行商问题

行路难，行路难。

一个旅行商在各个城市之间做生意，想在每个城市都停留一次，然后返回起始城市。如何找到一条最短路径以减少旅行的时间和成本？这就是经典的旅行商问题（Traveling Salesman Problem，TSP）。

假设有 4 个城市：A、B、C 和 D。城市之间的距离分别为 A 到 B 的距离为 10；A 到 C 的距离为 15；A 到 D 的距离为 20；B 到 C 的距离为 25；B 到 D 的距离为 30；C 到 D 的距离为 35。旅行商从其中一个城市出发，行至其余 3 个城市，最后返回起始城市，所有的可能路径为 6 种，3! = 3 × 2 × 1 = 6。通过穷举法可以找到最佳线路：A → B → C → D → A = 90。然而，随着城市数量的增加，线路的可能性呈阶乘式增长，若有 8 个城市，共有 7! = 5040 种路线。

然而，随着城市数量的增加，计算所有可能的路径变得非常耗时，因为旅行商问题属于 NP-hard 类别，没有已知的有效算法可以在多项式时间（Polynomial Time）内解决。因此，研究者们一直在寻找近似算法、启发式算法和元启发式算法等算法来解决涉及大量城市的旅行商问题。

时空也要较量一番

时与空，总在彼此妥协的路上。

当我们使用算法解决实际问题时，通常只看到其直接成效，即算法的"台前"。但算法的"幕后"，即算法的设计和内部机制同样重要。

选择合适的算法就像在厨房挑选菜谱一样。不同的菜谱需要不同的时间和空间，这类似于算法的时间复杂度和空间复杂度。选择有效的算法，需要考虑时间复杂度和空间复杂度，以确保算法既高效又适用于当前的问题场景。

时间复杂度

就像不同的菜谱耗时不同，不同的算法也需要不同的时长处理输入的数据。一些算法就像家常小炒，无须太多时间；而另一些算法就像小火慢炖，需要等待。

算法执行时间与输入规模的关系通常以大写的 O 表示。时间复杂度并不是利用算法解决问题所需的具体时间，而是随着输入规模的变化，算法执行时间的变化趋势。

以下是一些常见的时间复杂度及其应用实例。

- $O(1)$：常数时间复杂度，算法执行时间与输入规模无关，常用于访问数组中的特定元素。

- $O(\log n)$：对数时间复杂度，常用于二分查找，每步操作都大幅减小搜索范围。

- $O(n)$：线性时间复杂度，算法执行时间与输入规模成正比，常用于遍历数组。

- $O(n\log n)$：线性对数时间复杂度，常用于高效的排序算法，如快速排序。

- $O(n^2)$：平方时间复杂度，算法执行时间与输入规模的平方成正比，常用于嵌套循环操作。

- $O(n^k)$：多项式时间复杂度，k 为常数，常用于多层嵌套循环。

- $O(2^n)$：指数时间复杂度，算法执行时间随输入规模呈指数增长，常用于暴力枚举。

- $O(n!)$：阶乘时间复杂度，效率极低，常用于解决旅行商问题的穷举法。

每种时间复杂度都有其特定的应用场景和限制，选择合适的算法时需要综合考虑问题的具体要求和资源限制。

空间复杂度

空间复杂度也以大写的 O 表示，描述的是在执行算法时所需的内存资源。这好比不同的菜谱需要不同数量的食材和炊具，有些菜谱只需要少量的碗碟，有些菜谱的步骤异常烦琐，需要各式锅碗瓢盆，铺满整个厨房。大厨为了烹饪不同的美食，会选择不同的食材和炊具，而我们也要找到最佳"烹饪法"——并非排场越大越好，有时候需要为了减小空间复杂度适当简化。

尤其是在内存资源有限的情况下，空间复杂度是选择适合的算法的重要考量。常见的空间复杂度包括常数空间复杂度 $O(1)$、线性空间复杂度 $O(n)$、平方空间复杂度 $O(n^2)$、线性对数空间复杂度 $O(n\log n)$、指数空间复杂度 $O(2^n)$、阶乘空间复杂度 $O(n!)$ 等。

- $O(1)$：内存使用量不随输入规模增加，如固定大小的变量或常量。
- $O(n)$：内存使用量与输入规模呈线性关系，如存储大小为 n 的数组。
- $O(n^2)$：内存使用量与输入规模的平方成正比，如 $n \times n$ 的二维数组。
- $O(n\log n)$：内存使用量与输入规模呈线性关系，如归并排序中的辅助数组。
- $O(2^n)$：内存使用量随输入规模呈指数增长，如递归的指数级别调用。
- $O(n!)$：内存使用量随输入规模呈阶乘级增长，通常用于解决组合问题。

了解算法的空间复杂度对于评估计算机内存性能非常重要，在内存资源有限的情况下选择合适的算法尤为关键。

算法的时间复杂度和空间复杂度与算法的效率直接相关，有时为了减小时间复杂度，导致空间复杂度攀升，反之亦然。如何在时间复杂度和空间复杂度之间取得平衡就成了选择算法的关键所在。

NP 问题的千古之谜

NP 问题，可触达的极限？

在计算世界里，问题的复杂性如同宇宙中的星辰，令人目不暇接。为了理解问题的复杂性，我们首先需要熟悉几个关键的概念：P、NP、NPC 和 NP-hard。它们不仅是计算理论的基础，也是我们揭开计算机解决问题能力的谜题的钥匙。

什么是 P？ P 是英文 Polynomial，即多项式的缩写。比如 $3x^3 + x^2 + x$、$5x^5 + 2x^2 + 1$ 都是多项式。

P 问题：轻松解决的计算挑战

让我们从 P 问题说起。想象一下，你是一位大厨，面前有一堆食材和一份详细的食谱。你需要按照食谱一步步烹饪出美味佳肴。对于经验丰富的大厨来说，这并不困难，按照步骤操作即可完成。这就好比计算中的 P 问题。

P 问题（Polynomial-time Problem）是指可以在多项式时间内解决的问题。多项式时间意味着算法执行时间是输入规模的多项式。例如，一个输入规模为 n 的问题，如果其解决时间为 n^2 或 n^3，它就属于 P 问题。

例如，最短路径问题就是 P 问题的一种。在一幅加权有向图中，找到从起点到终点的最短路径，就像城市规划师找到从市中心到郊区最快的公交路线一样。利用迪杰斯特拉算法能高效解决这一问题，其时间复杂度为 $O(V^2)$ 或 $(V\log V + E\log V)$，其中 V 是顶点的数量，E 是边的数量。

NP 问题：魔法般的验证

接下来，让我们直面一个更加神秘的问题：NP 问题。假设你是一位侦探，面前有一个复杂的密码锁，只有一种特定的组合可以打开它。虽然找到正确的组合可能需要很长时间，但幸运的是，你有一个魔法师朋友，他可以瞬间验证你尝试的组合是否正确。这种神奇的"验证"能力正是 NP 问题的核心。

NP 问题（Nondeterministic Polynomial-time Problem）指的是解难以迅速找到，但一旦给出解，就可以在多项式时间内快速验证其正确性的问题。换句话说，NP 问题是求解过程可能复杂无比，但验证过程相对简单的问题。

旅行商问题就是一个著名的 NP 问题。假设你是一位旅行商，需要访问一系列城市，并且希望找到一条访问每个城市恰好一次并返回起始城市的最短路径。验证一条给定路径是否为最短路径可以很快完成，但找到这条路径极其困难。目前没有已知的多项式时间算法可以解决所有情况的旅行商问题，因此它被归类为 NP 问题。

NPC 问题：复杂性的"皇冠"

在 NP 问题中，最具挑战的是 NP 完全（NP-Complete，NPC）问题。想象你身处一个巨大的迷宫，找到正确的出口可能非常困难，但如果有人告诉你一条通往出口的路线，你可以很快验证它是否正确。更神奇的是，如果你能找到走出这个迷宫的解决方案，就能够走出所有类似的迷宫。

NPC 问题是 NP 问题中的一个特例，具有两个重要特性：第一，NPC 问题本身是 NP 问题；第二，所有 NP 问题都可以通过多项式时间规约（Polynomial-time Reduction）转换为 NPC 问题。换句话说，能够解决一个 NPC 问题，就意味着能够解决所有 NP 问题。

第一个被证明为 NPC 问题的例子是可满足性问题（Satisfiability Problem，SAT）。假设你是一位逻辑学家，面对一个复杂的布尔公式，需要判断是否存在一种变量赋值使整个公式为真。这个问题不仅属于 NP 问题，而且所有其他 NP 问题都可以转换为 SAT。因此，SAT 是 NPC 问题的典型代表。

NP-hard 问题：不可逾越的高峰

NP-hard 问题代表了计算复杂性的高峰。假设你是一位探险家，面对着一座巍峨的高山。攀登这座山可能极其困难，甚至无法实现，但如果你能攀登成功，那么攀登其他任何高山对你来说都不是难题。

NP-hard 问题是指那些至少和 NP 问题一样难，甚至更难的问题。NP-hard 问题不一定是决策问题（即不一定能够在多项式时间内验证解的正确性的问题），但所有 NP 问题都可以规约到 NP-hard 问题上。哈密顿路径问题就是一个典型的 NP-hard 问题，要求在图中找到一条经过每个顶点恰好一次的路径。这看似简单，但实际上极其复杂，目前没有多项式时间算法可以解决所有情况的哈密顿路径问题。

P=NP 问题："千古之谜"

计算复杂性理论中有一个谜题，至今无人解开。这就是 P=NP 问题，被称为现代计算理论的"千古之谜"。P=NP 问题是：所有能够在多项式时间内验证的解，是否也能在多项式时间内找到？

换句话说，P=NP 问题是：是否所有的 NP 问题都是 P 问题？这就像在拼图游戏中，验证拼好的拼图是否正确很简单，但拼好它可能极为困难。若 P=NP，我们就可以找到一种算法，能在多项式时间内拼好所有拼图，解决所有复杂问题。

如果 P=NP 被证明为真，将带来计算革命和颠覆。

算法效率大幅提升，以至于许多目前被认为计算复杂的问题都可以在合理的时间内解决。许多现实世界中的问题，如优化问题、调度问题、路线规划问题等，都将得到快速的解决。

密码学的挑战。现代密码学在安全性上很大程度上依赖于某些问题（如大数分解问题、离散对数问题等）的计算难度。如果 P=NP，这些问题可能会变得易于解决，从而使当前的加密方法失效，迫使我们重新思考如何保护信息安全。

许多科学研究涉及复杂的计算问题，如蛋白质折叠、生物信息学中的基因排列等。如果这些问题能在多项式时间内解决，将极大地推动科学进步。

目前 P= NP 问题仍未被解决，许多计算机科学家认为 P ≠ NP。在实践中，许多 NP 问题的求解显然比验证要困难得多，理论和实践研究表明，P 问题与 NP 问题之间存在巨大的差距。

第三部分

视界的扩展：从平面到空间

走入几何的花花世界。

最初，人们在平面上用简单的线条和形状描绘世界，就像在沙滩上画下的几何图案，清晰而优雅。然而，几何世界远不止这些。当踏入这个世界，你会发现自己从一个二维世界慢慢进入一个复杂的多维宇宙，形状、空间，甚至时间都变得无法捉摸。

想象一下，古希腊的数学家们在测量土地时，或许从未想到几何学会在人类探究更深的宇宙奥秘时发挥重要作用。从简单的三角形和圆开始，几何学逐渐走向更为抽象的形态，如四维立方体（超立方体）或无穷尽的曲面。几何学不再只是画在纸上的图形，而变成了一种揭示空间与结构本质的工具。

数学与形态的结合展现出了令人惊叹的奇观。可视计算为一个数字化的望远镜，用于窥视抽象的多维世界。拓扑学和流形带我们进入了奇幻的领域，去叩问同体的咖啡杯和甜甜圈。

我们不再只是在平面上描绘形状，而是以数学为钥匙，揭示隐藏在时空中的奥秘。这场从简单到复杂、从二维到多维的几何之旅，将让你不禁思考：世界究竟有多少个维度，那些我们看不见的维度，是否正默默影响着我们身处的宇宙？

第7章 几何为何

3.1 几何

世界的另一种表示。

欧几里得引起的

"几何"源于希腊语"γεωμετρία",其由"γέα"(土地)和"μετρεῖν"(测量)两个词混合组成,指"土地的测量"。几何的基础概念或许发源于土地测量、建筑和农业中的实际问题。

欧几里得(Euclid)的《几何原本》是几何学的奠基性著作之一,不仅总结了许多古希腊早期的几何学理论,而且系统地整理和阐述了一组公设和定义,并推理出了一系列命题。但欧几里得和千年以来的数学家都未能证明他提出的第五公设,如下图所示。

3.2 第五公设

如果一条线段与两条直线相交,某一侧的内角和(即下图中的∠α与∠β之和)小于两个直角的和,那么这两条直线不断延伸后,会在内角和小于两个直角的和的一侧(∠α与∠β所在的一侧)相交。

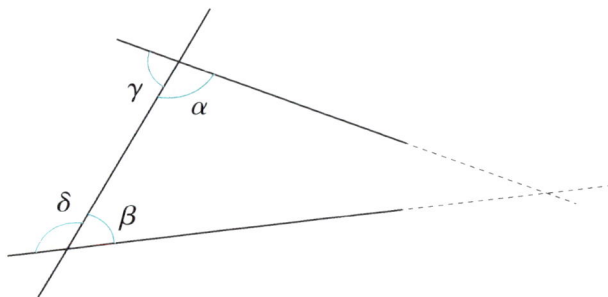

第五公设

几何学本身看似严谨，却因第五公设具备了许多幻象与可能性。19 世纪，数学家罗巴切夫斯基（Lobachevsky）和黎曼（Riemann）挑战了欧几里得的几何体系，提出了"非欧几何"。在罗巴切夫斯基的双曲几何中，平行线不再是唯一，通过直线外一点可以作无数条不与原线相交的直线；而在黎曼（椭圆）几何里则根本不存在平行线——所有直线最终都会相交。

这些想法不仅在数学界中掀起了"风暴"，更为物理学打开了新的视角。爱因斯坦正是基于黎曼几何提出了时空的弯曲，彻底颠覆了我们对宇宙的认知。在爱因斯坦的广义相对论中，几何学不再是简单的测量工具，而是宇宙运行的本质。当曲率从二维扩展到四维，甚至更高维时，几何学不再是画在纸上的图形，而是对宇宙结构的深刻探究。

欧几里得几何，不仅为我们提供了理解世界的框架，也为我们打开了充满无限可能的世界的大门。从土地的测量到宇宙结构的探究，几何学一次次地将人类的认知推向新的高度，挑战着我们对现实与幻象的理解。

几何的舞动

早在公元前 3000 年左右，古埃及和古巴比伦的数学家就开始研究土地测量、建筑和农业中的几何问题了。他们发展了一些基础的几何概念，如计算面积和体积，并建立了一些简单的几何规则。

古希腊众多数学家和哲学家对几何进行了深入研究。毕达哥拉斯学派提出了著名的毕达哥拉斯定理，揭示了直角三角形边长的关系，欧几里得创作了《几何原本》。

伊斯兰历史上著名的数学家如阿尔哈齐（Al-hazen）和阿尔哈斯（Al-hassar）在几何光学、镜像和折射等方面作出了重要贡献。抽象的植物、花卉、星星等纹饰成为信仰的表达。曲线和直线交织书写着祷告，反复的无始无终的纹饰描绘着无限。

几何学在文艺复兴时期展现了一种力量——透视法。艺术家通过线性透视技巧，在二维平面上创造出三维空间的形象，赋予了画作深度的真实感。这种对空间的精准描绘，不仅改变了艺术，也改变了我们对世界的观察方式，形成了对空间感受的全新理解。

到了19世纪，几何的疆域大大扩展。非欧几何的出现打破了欧几里得几何的框架，开启了新的探索维度。几何学分化出微分几何、射影几何和拓扑学等分支，逐渐从形状的研究进入空间的本质探讨。

几何学从古老的测量工具变成了揭示宇宙奥秘的钥匙。在这段历程中，不同时代的文明为它注入了新的思维和灵魂，使它成为数学中一颗璀璨的宝石，穿越时空，持续启迪着我们。

当平面遇到现实

不识庐山真面目，只缘身在此山中：人类因为视觉的限制，只能观察到三维世界，因此感知到的真实世界仅限于这个维度。

当然，世界是不是三维的，很多人对此有疑惑。人类对于空间的认知，主要取决于"探测"手段。例如，我们照镜子时，镜子就是承载投射的载体。如果不选用镜子，而选用别的东西，比如X射线，观察到的可能就不再局限于二维了。

空间意味着现实。建筑在三维空间中林立，我们力图在 3D 电影和游戏中利用技术让人们有立体感。空间也意味着探索，无论是利用航天器探索太空，还是研究生物体的形态、结构和运动方式，以及分子等微观物体的结构和性质，三维空间都能给人带来直观的判断和理解。

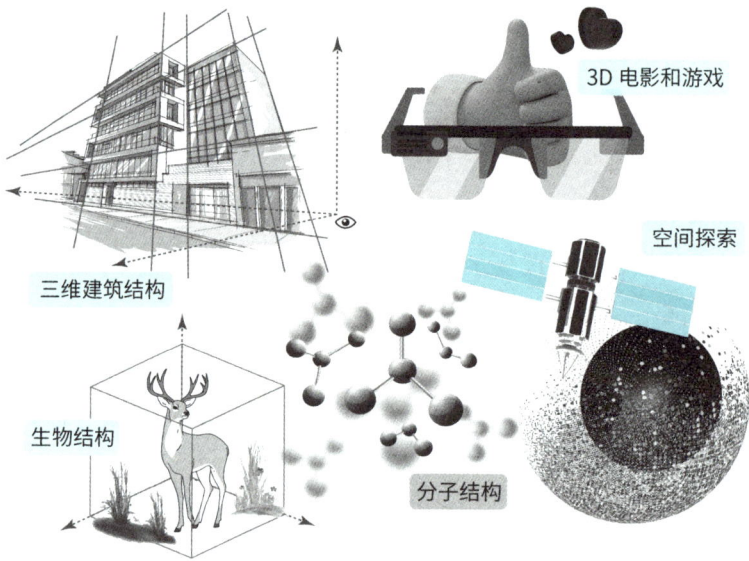

三维世界的直观特点

一位数学家拿起尺子和圆规，绘制出一个圆，然后神奇地将这个图形变成精确的数字表达——这不仅是将形状转化为数字，更是通过数形结合揭示数字规律与内在逻辑的过程。

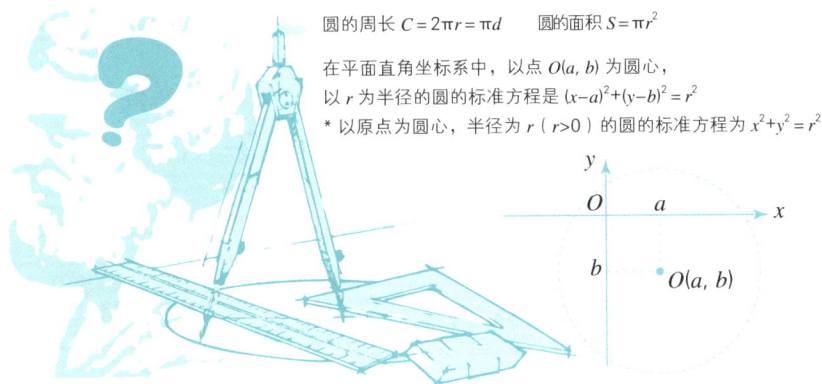

圆的周长 $C = 2\pi r = \pi d$ 圆的面积 $S = \pi r^2$

在平面直角坐标系中，以点 $O(a, b)$ 为圆心，以 r 为半径的圆的标准方程是 $(x-a)^2 + (y-b)^2 = r^2$

* 以原点为圆心，半径为 r（$r>0$）的圆的标准方程为 $x^2 + y^2 = r^2$

圆的数字表达

"数形结合"是对现实世界的深刻洞察。宇宙不仅混沌和随机，而且充满了数字密码。

数形结合使得这个世界不那么"正经"——数学不再只关乎数字的沉闷排列，还关乎曲线的优雅、多边形的奇妙、立体的奥秘及宇宙的和谐。数形结合把"多少"变成了"多么美"，把"计算"变成了"创造"。

想要使用这个"魔法"，你只需一支笔、一张纸，再加上一点儿好奇心。数形结合的力量可以让整个世界像万花筒一样缤纷灿烂。

总之，还是找准坐标

如同认识你自己。

我们很多时候的努力，只是为了找到坐标的位置。努力后找不到的时候，可以换个坐标。

17世纪，笛卡儿在几何研究中引入了坐标系，几何问题从此转化为代数问题，几何问题可以表示为解析式。

笛卡儿从研究几何曲线开始，寻找对应的方程式。费马原理表明，光在传播介质中从一点传播到另一点时，会沿所需时间最短的路径传播。

不同的坐标系提供了不同的观察和解决问题的角度，代表探索世界的不同道路。

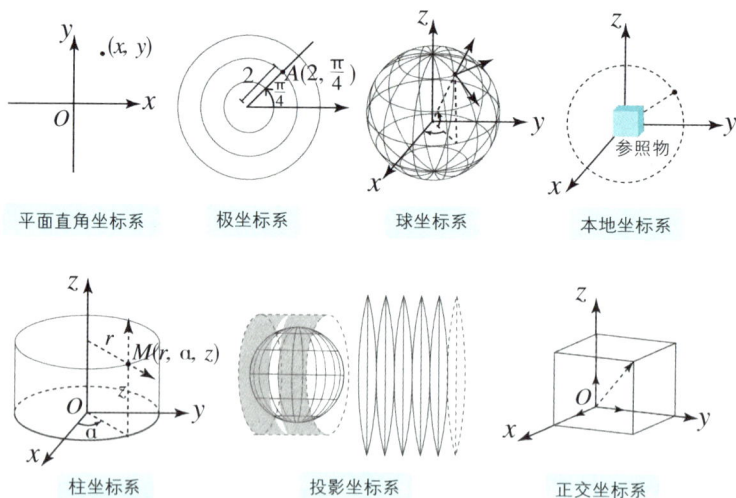

平面直角坐标系　　极坐标系　　球坐标系　　本地坐标系

柱坐标系　　投影坐标系　　正交坐标系

常见的坐标系

常见的平面直角坐标系就像一张通用的地图，告诉我们事物在空间中的位置。球坐标系（Spherical Coordinate System）和柱坐标系（Cylindrical Coordinate System）则更专注于角度和距离信息的表达，像不同类型的罗盘和测量工具——球坐标系描述了点的位置，以径向距离、极角和方位角为依据，就像在宇宙中定位行星；柱坐标系以径向距离和角度为主，但增加了高度信息，适用于描述建筑结构和某些物理问题。投影坐标系（Projected Coordinate System）将三维空间表面上的位置表示在二维平面上，不同的投影方式会带来平面上的形状和尺寸的变化。

不同的坐标系是打开世界的不同方式，正如打开人生的不同方式，将不同的细节一一呈现。

时空画笔，宇宙脉络

坐标和度量明确，现在应该拿出画笔了。

3.4 数形结合

让计算变得灵动。

笔直的线

通过数形结合，我们可以解释直线与线性方程之间的关系。

下面介绍如何绘制方程 $y = 2x + 3$ 的图像，如下图所示。

- 绘制坐标系，分别标出 x 轴和 y 轴。
- 绘制截距。由于线性方程是 $y = 2x + 3$，这意味着当 $x = 0$ 时，$y = 3$，即直线在 y 轴上的截距是 3。在 y 轴上找到 $y = 3$ 的点，并标记为截距点。
- 绘制点。线性方程中的 2 表示斜率。这意味着在每增加 1 个单位的 x 时，y 增加 2 个单位。根据斜率的定义，我们从截距点开始，向左或向右移动 1 个单位的横向距离，然后向下或向上移动 2 个单位的纵向距离，再标记另一个点。

- 绘制直线。用直尺连接这几个点。

$$y=2x+3$$

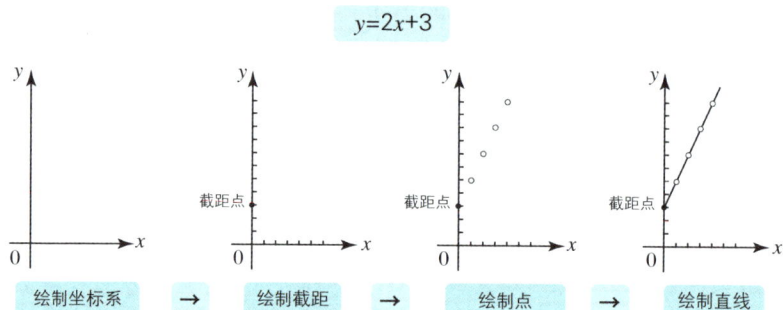

绘制坐标系 → 绘制截距 → 绘制点 → 绘制直线

绘制方程 $y = 2x + 3$ 的图像

通过绘制方程 $y = 2x + 3$ 的图像，我们找到了所有满足方程的点。这些点不是随意散落的，而是沿着一条直线排列。

抛物线

如何绘制方程 $y = 2x^2 + 1$ 的图像？

- 绘制坐标系，确保 x 轴和 y 轴都有适当的刻度。
- 代值计算。选择一些 x（如 -2、-1、0、1、2）并计算对应的 y。
- 绘制点。在坐标系上标记这些点。
- 绘制抛物线。这个方程中的 $2x^2$ 的系数 2 是正数，因此抛物线向上开口，如下图所示。

$$y=2x^2+1$$

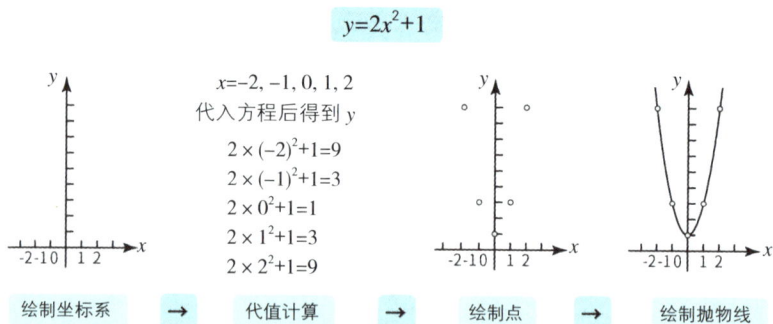

$x = -2, -1, 0, 1, 2$
代入方程后得到 y

$2 \times (-2)^2 + 1 = 9$
$2 \times (-1)^2 + 1 = 3$
$2 \times 0^2 + 1 = 1$
$2 \times 1^2 + 1 = 3$
$2 \times 2^2 + 1 = 9$

绘制坐标系 → 代值计算 → 绘制点 → 绘制抛物线

绘制方程 $y = 2x^2 + 1$ 的图像

方程中不同项的系数和指数共同影响抛物线的形状、开口方向及顶点位置。二次项 ax^2 的系数 a 决定了抛物线的开口方向、狭窄程度或扁平程度。a 为正数，则抛物线开口朝上；a 为负数，则抛物线开口朝下。$ax^2 + bx + c$ 中的一次项 bx 会对抛物线的左右位置产生影响，常数项 c 会对抛物线的纵向平移产生影响，这决定了抛物线的顶点位置。

完美的圆

假设有一个圆，它的圆心坐标为 $(2, 3)$，半径为 5，即从圆心到圆周上的任意一点的距离都是 5。方程 $(x-2)^2 + (y-3)^2 = 5^2$ 表示所有到点 $(2, 3)$ 的距离等于 5 的点的集合，如下图所示。

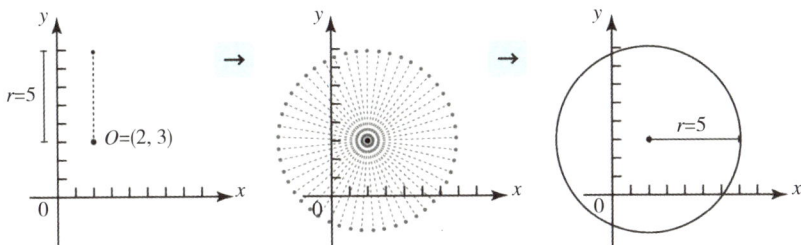

绘制方程 $(x-2)^2 + (y-3)^2 = 5^2$ 的图像

压扁的圆——椭圆

椭圆的概念可以从不同角度阐释。

从代数的定义角度出发，椭圆是平面上一组点的集合，这组点到两个焦点的距离之和为定值，这个定值是两个焦点之间的距离的 2 倍。椭圆方程 $(\frac{x}{3})^2 + (\frac{y}{2})^2 = 1$ 表示满足这一特性的点的集合，这个椭圆的焦点分别是 $(\sqrt{5}, 0)$ 和 $(-\sqrt{5}, 0)$。

从几何学角度来看，椭圆是形状独特的图案，包含所有满足上述条件的点。它看起来就像拉伸的圆形，但是在数学上具有独特的性质。

最后一个角度是将椭圆看作点在平面上按照某种规律运动时的轨迹，而椭圆方程描绘了这些点移动的路径。在这一角度下，椭圆成为这些点所遵循的移动规则的具体呈现。

椭圆方程，或者说所有的方程其实都在描述一种规则或者关系。函数图像则是数字之间的规则与关系的可视化结果，如下图所示。

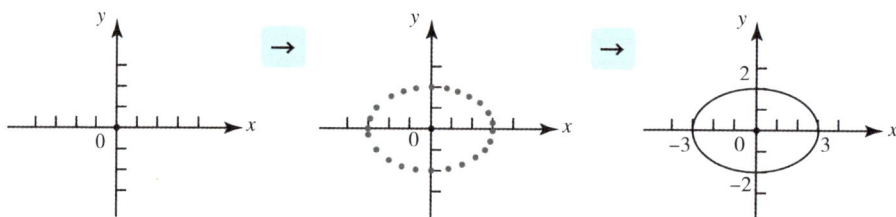

绘制方程 $(\frac{x}{3})^2 + (\frac{y}{2})^2 = 1$ 的图像

立体化的觉醒

不要只在平面上摸爬滚打了，"站"起来，看看真实世界。这个相对的真实世界，是我们的眼睛可以观察到的所谓的真实世界。

从圆到球

如何从二维到三维？

我们可以把从圆到球这个过程想象成往折好的纸灯笼里吹气，下面将这个过程以数学的方式表述出来，看看如何通过升维把圆变成球。

以平面直角坐标系中的圆为例，圆心为 (2, 3)，半径为 5。圆的方程 $(x - 2)^2 + (y - 3)^2 = 5^2$ 表示所有与点 (2, 3) 的距离等于 5 的点的集合。

把平面直角坐标系扩展为三维坐标系，在原有平面直角坐标系的基础上，添加一个新的轴——z 轴，表示高度。一个以点 (2, 3, 4) 为球心、半径为 5 的球体的方程是 $(x - 2)^2 + (y - 3)^2 + (z - 4)^2 = 5^2$，所有与球心 (2, 3, 4) 距离为 5 的点的集合勾勒出这个球体的轮廓，如下图所示。

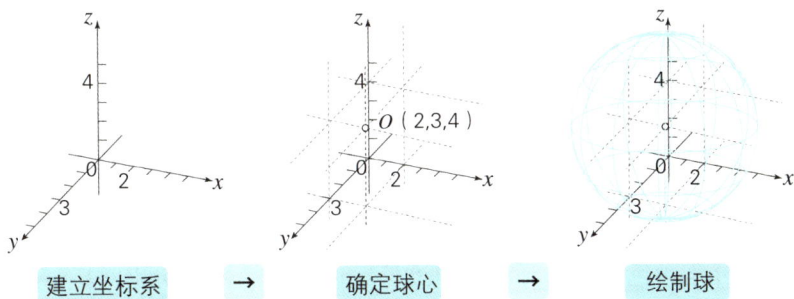

建立坐标系　→　确定球心　→　绘制球

绘制方程 $(x-2)^2 + (y-3)^2 + (z-4)^2 = 5^2$ 的图像

数形结合不仅是数学与几何的交汇点，更是一种将抽象数学理论与实际问题相结合的综合性思维方式。

第9章　可视计算的崛起

　　人的眼睛不仅是感知世界的窗口，更是一种强大的计算工具。你有没有想过，数数、分辨颜色、判断深度和厚度等看似简单的视觉功能，其实都涉及复杂的计算过程。通过这些过程，我们不仅能进行精准的分类，还能进行数字化处理。随着科技的发展，眼睛在计算领域的潜力逐渐被发掘和认可，"可视计算"这门新兴学科应运而生，正如破土而出的新芽，展现出无限生机与可能。

装上形态，涂上颜色

　　数据映射（Data Mapping）是一种将抽象数据转化为可视化图形的艺术。通过数据映射，数据获得了形态和色彩，变得更加直观和易于理解。比如，函数在坐标系中的映射直观地描述各种数学和空间关系，可以帮助我们更好地分析；而地图将三维空间中的地理数据映射到二维平面上，可以帮助我们更好地理解和导航。

　　那么，数据映射是如何实现的呢？侦探这个职业可以为我们提供一个有趣的例子。假如你是一名侦探，接手了一宗复杂的盗窃案。首先，你需要收集各种数据，包括案发地点、时间、目击证人的陈述、嫌疑人的信息及可能的作案工具等。接下来，你需要对这些数据进行预处理，验证目击证人的陈述，核实嫌疑人信息的准确性等。

　　接着，你需要将这些数据展示出来。选择合适的可视化方式至关重要。如果你决定使用时间地图，就可以把案发时间、地点及不同嫌疑人的活动轨迹直观地展示出来。你可以在时间地图上标记案发时间和地点，用不同颜色和形状的符号表示嫌疑人的活动轨迹和相关信息。时间地图可以清晰地展示案件的时间线、地点和嫌疑人的动向，帮助你发现案件的手法和线索。

数据映射使复杂的信息变得一目了然。随着更多线索的浮现，你离真相越来越近。这不仅是数据的展示，更是发现和解读信息的过程，宛如一场探险，揭示隐藏在数据背后的故事。

对数据的探索像一场侦探冒险，只是探索的是数据世界，其中每一个数据点都是一个线索，每一张图表都是一个场景。在这场冒险中，我们不仅是在追寻真相，更是在感受数据所述说的故事。这种探索的过程，不仅让我们更接近真相，也让数据本身变得生动有趣。

3.5 数据可视化

从望眼欲穿到一目了然。

数据可视化

数据可视化是指将数据以图形的方式展现出来，使我们能够直观地理解和解释数据。数据可视化在新闻中称为数据叙事，在设计中称为信息图表（Infographic），在工业中称为数字孪生，数据可视化在各个领域都有广泛应用，并且存在许多交叉和重叠之处。

在数据可视化中，数据到图的映射非常关键，因为它能够将抽象的数字转化为具有形状、颜色和位置的图形，帮助我们发现数据中的模式和趋势，并进行数据分析和决策。通过合适的图表选择和视觉设计，数据可视化能够有效地传达复杂的信息，帮助我们洞察和理解。

想象一下，一位专业的派对策划者通过图表了解参加派对的人们的喜好，比如他们喜欢吃什么食物，喜欢哪种类型的音乐，以及他们的年龄分布等。通过对这些数据进行可视化，派对策划者可以更好地满足宾客的需求，策划出更成功的派对。

直方图可以直观地展示数据的连续分布情况；散点图可以展示两个连续变量之间的关系；箱线图既能描绘中心趋势，又能展示离散度和异常值（箱体表示数据的中间 50% 的分布，延伸出的线表示数据的总体分布范围，线之外的点为异常值）；热力图通过颜色的深浅或亮度来展示数据的大小或密度，如下图所示。

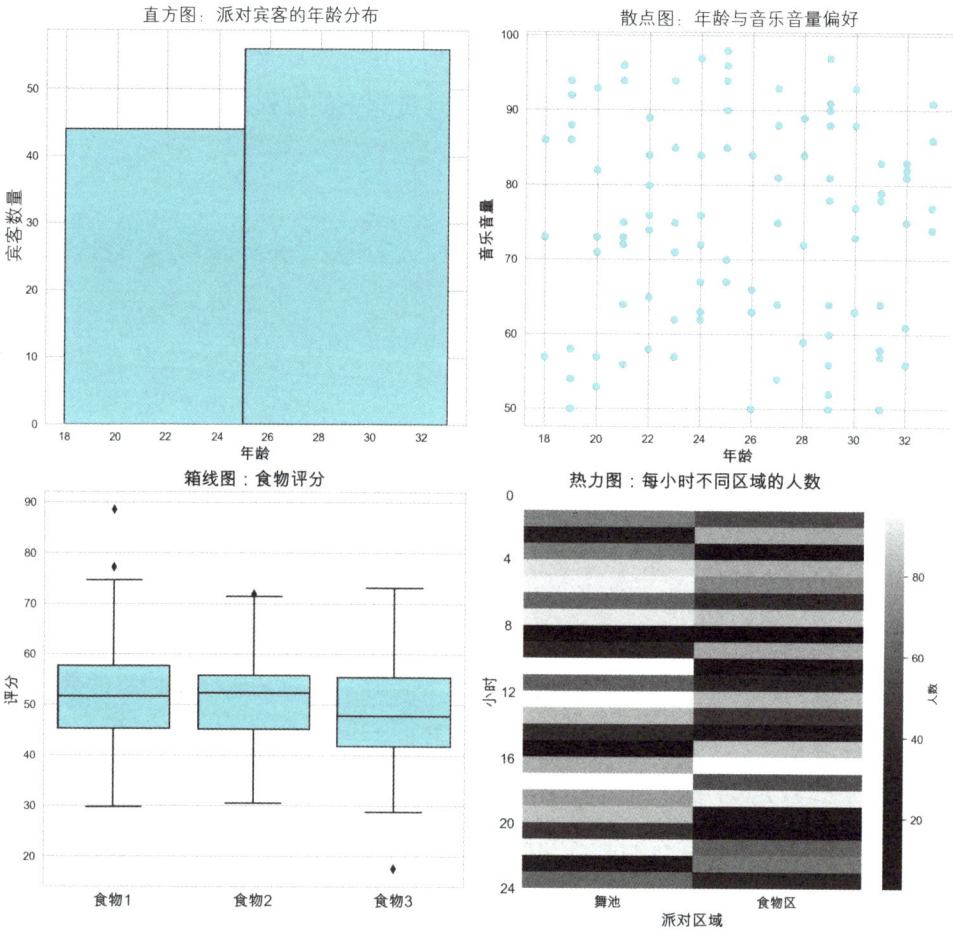

不同类型的数据可视化

在进行数据可视化时，根据不同统计图表的特征选择适当的可视化方式，可以使数据更具可读性和解释性，让复杂的信息以更生动、直观的方式呈现出来。这不仅能够帮助我们更好地理解数据，也能为决策提供有力的支持。

数据可视化不仅是一门技术，更是一种艺术，它使抽象的数据变得生动，让我们能够在数据的海洋中找到明确的航线。

来看一个简单的例子。下图所示是一家店铺在 3 个年份的产品销量统计表。虽然表格非常清晰，但是数据显得相当枯燥。为了更直观地展示销售情况，可以使用折线图或散点图。

产品	2003年	2013年	2023年	产品类型
面食	1.38	1.98	6.98	主食
糖果	7.36	5.83	8.83	甜点
饭团	8.86	6.87	10.87	主食
饼干	5.98	6.7	10.7	零食
奶茶	10.66	8.33	9.33	饮品
果汁	4.13	6.23	11.23	饮品
蛋糕	6.06	5.87	7.87	甜点
面包	5.04	3.97	3.97	主食
卤肉	7.26	5.26	6.26	副食

某店产品销量统计表

如上图所示，我们可以直观地看到每个产品在 20 年间的销量变化情况，并且可以对后续进货安排做出对应调整。

在后面的这张图中，我们可以看到前 10 年的销售情况总体呈下降趋势，后 10 年销售情况较好，并且面食的变化最剧烈，证明其销量增加最多。当我们将鼠标指针放在这个电子图表的某条如"奶茶"的气泡上时，会出现这个气泡所包含的产品的销售数据变化和类型的说明。

产品类型

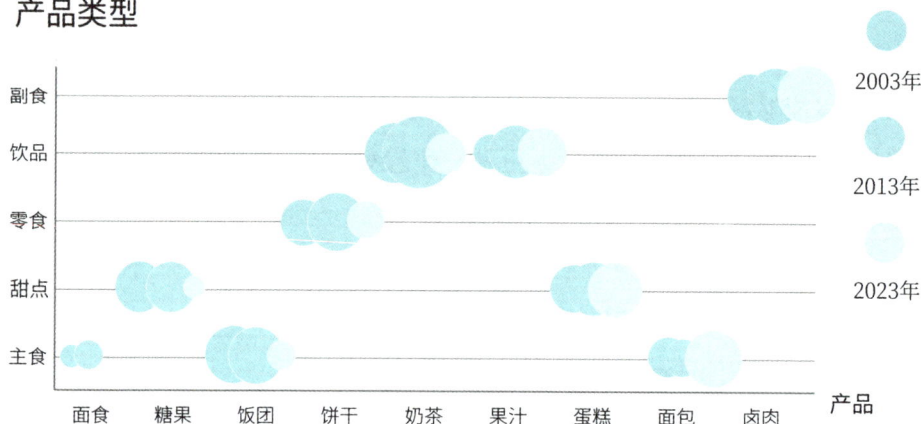

某店产品销售情况气泡图

如何做呢？

在数据可视化中，数据到图的映射是一个充满创意和挑战的过程，主要包括以下几个关键步骤。

◇ 选择合适的图表类型。

不同的图表具有不同的功能。例如，折线图可以清晰地展示趋势和变化；柱状图适合比较不同类别的数据；散点图能展示数据的分布。选择合适的图表类型是成功的第一步。

◇ 定义数据映射。

在将数据映射到图表时，需要明确数据字段与图表各部分的对应关系。例如，数值数据可以映射到坐标轴；不同类别的数据可以映射到柱状图的不同列；时间序列数据可以映射到折线图的横轴；等等。这一步是将数据与图形直观地结合起来的关键。

◇ 设计视觉属性。

视觉属性如颜色、形状、大小等可以传达丰富的信息。例如，用不同颜色表示不同类型的数据；用不同大小的点表示数据的数量等。精心设计视觉属性，可以大大增强数据的表达效果。

◇ 添加标签和标题。

标签和标题是图表的"解说员"，它们能够解释图表的含义，使用户更容易理解数据的背景和上下文。标签和标题是必不可少的元素。

◇ 调整图表样式。

图表样式，如背景颜色、线条粗细、字体等，直接影响用户的观看体验。合适的样式不仅能使图表更美观，还能提高图表的可读性和吸引力。

◇ 交互性设计。

交互性设计使用户能够与图表互动，进一步探索数据。例如，用户可以悬停鼠标指针查看数据详细信息、缩放、过滤等。这些交互性设计可以使数据探索过程更加动态和有趣。

拿破仑的遗憾

1812 年，拿破仑率领 60 万大军入侵俄国，企图迅速征服这个国家。但俄国的"焦土政策"让法军深陷泥潭，供应线被切断。拿破仑一路推进，最终抵达空无一人的莫斯科，但等来的是严寒的冬天。饥饿、寒冷、疾病和俄国游击队的袭击，使拿破仑那庞大的军队几乎全军覆没。

这个故事有了数据可视化的加持，更加活灵活现。

1869 年，法国工程师查尔斯·约瑟夫·米纳尔（Charles Joseph Minard）创作了一幅震撼人心的图，名为《1812－1813 对俄战争中法军人力持续损失示意图》（*Carte figurative des Pertes successives en hommes de l'Armée Française dans la campagne de Russie 1812－1813*）。这幅图史诗般地展示了拿破仑在 1812 年对俄国的远征之路。

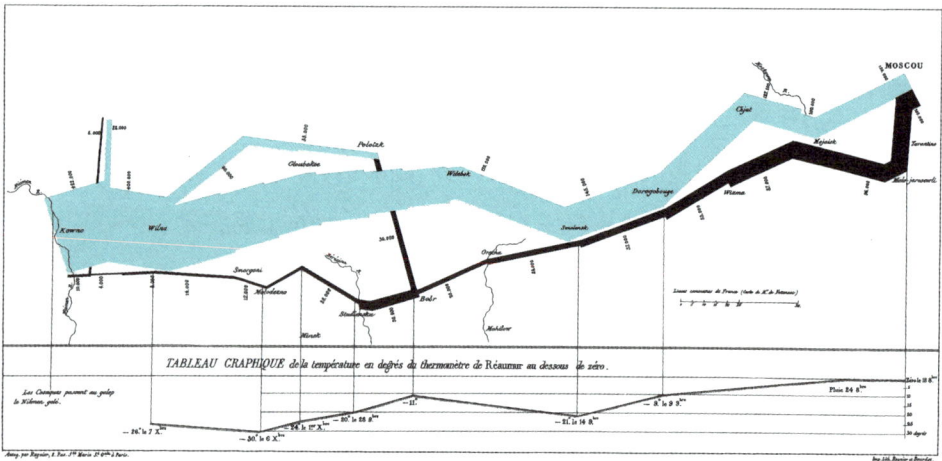

《1812—1813 对俄战争中法军人力持续损失示意图》

上图呈现了 6 个维度的统计数据：拿破仑军队的人数、距离、气温、经纬度、移动方向及时 – 地关系。图的中心是一幅地图，绿色和黑色的图形分别代表法军的行军路线和撤退路线，图形的宽度变化代表军队人数的变化。从出发时的 42 万大军，不断缩减，到最后仅剩 1 万人的惨淡结局，这一过程被生动地描绘了出来。

图的下方是一条时间轴和气温刻度。12 月的夜间，气温竟然跌至 –30 ℃ 以下。这幅图不仅记录了拿破仑军队的惨痛现实，更描绘了一幅寒冷、残酷和艰难的画面。在冰天雪地中，法军不仅要面对严寒，还要面对敌军的袭击，最终法军几乎全军覆没。

通过这幅图，我们可以看到拿破仑从战神巅峰走向帝国覆灭的命运。米纳尔巧妙地将数据与故事结合，让我们感受到历史的沉重与残酷。每一条线、每一个数据点都是那段血与火岁月的体现。这幅图不仅是数据的呈现，更是一个悲壮故事的展示，让人不禁为那段历史动容。

更多的故事

历史上，数据可视化的故事还有很多。

约翰·斯诺（John Snow）通过绘制患者的位置和死亡案例地图，发现霍乱的传播与特定水泵有密切关联。斯诺的研究为政府采取措施关闭污染的水泵提供了证据，从而有效遏制了霍乱的传播。

还有个非常经典的案例。汉斯·罗斯林（Hans Rosling）的世界趋势可视化气泡图动态地展示了全球国家在健康和经济发展上的变化，如下图所示。通过颜色、大小和时间动画，我们可以直观地理解复杂的多维数据，了解各国在全球发展中的相对进步和差异。这幅图不仅是大数据的呈现，更是生动的人类发展变化史，特别是在富裕与贫困国家的经济和健康对比上。这种对比凸显了国家间的差异，并促使我们思考更深层的社会意义，帮助我们理解全球发展面临的挑战与机遇，促进我们对全球问题的关注与反思。

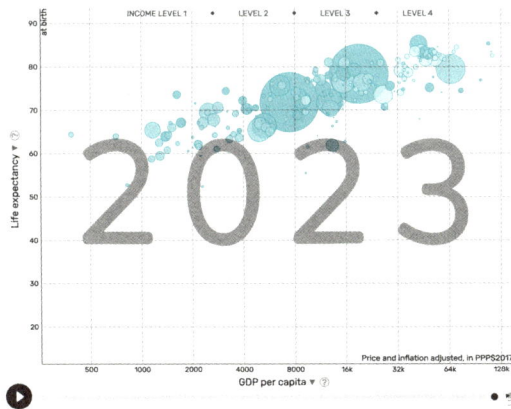

世界趋势可视化气泡图

NASA（美国国家航空航天局）早就开始使用可视化技术。比如，NASA使用卫星技术展示了全球夜间灯光分布情况，如下图所示。这幅图不仅展示了全球人口密集区，还反映了经济活动和能源使用情况，是全球人类活动热图。此类图被广泛用于解决经济发展、能源消耗、城市扩展和环境污染等问题。我们可以从空间角度了解全球化进程中的地区发展差异。这幅图为研究城市化与能源使用之间的关系提供了重要依据，助力了科学研究与政策制定，展现了人类活动的全景。

"一图胜千言"，或许就是因为这些图表丰富、精彩的故事。

全球夜间灯光分布情况

从画里走到画外

从画里走到画外，仅依靠传统的平面图表是远远不够的。为了实现数据可视化从平面延伸到更真实、更具互动性的三维空间，需要依赖两个关键技术：几何建模和图形渲染。

几何建模：构建三维空间

几何建模是指将抽象的数据转化为三维的几何形状，犹如用"泥土"捏出立体的雕塑。在建筑设计中，可以根据建筑数据创建逼真的三维模型，让设计师和客户预览建筑的外观和结构；在医学领域中，能将 CT 或 MRI 扫描数据转化为详细的人体器官模型，帮助医生进行更精确的诊断和手术规划。

几何建模不仅能赋予数据形状，还能赋予数据空间感和触感，使我们可以从不同角度观察和分析。例如，几何建模可用于模拟城市交通流量、展示复杂的科学数据和创建生动的三维图景。

3.6 几何建模

虚拟世界的雕塑家。

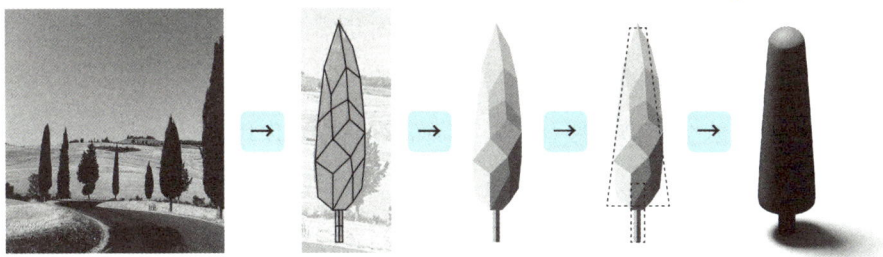

实体树木在游戏中的建模

图形渲染：赋予模型生命力

几何模型需要通过图形渲染技术才能变得栩栩如生。图形渲染如同为模型上色和打光，通过光影效果、材质纹理和色彩的精细渲染，数据模型更具真实感。

在游戏开发中，可通过图形渲染为虚拟世界中的每个细节赋予逼真的效果，让玩家仿佛置身其中；在电影制作中，可通过图形渲染创造出令人惊叹的特效场景，带给观众身临其境的体验。

3.7 图形渲染

让虚拟世界有血有肉。

从数据到现实：一个生动的过程

想象一个城市规划师需要展示未来城市的发展蓝图。通过几何建模技术，他可以构建城市的三维模型，包括建筑、道路和公园等。接着，通过图形渲染技术，他可以赋予这些模型真实的颜色和材质，甚至可以模拟不同时间段的光影变化。

当城市规划师向市民展示未来城市时，市民不仅可以看到平面的图表，还可以通过三维模型和逼真的渲染效果直观地看到未来城市的样貌。这种生动的展示方式不仅提高了信息传达效果，还激发了市民的兴趣和参与度。

假如你是一名特效艺术家，负责设计奇幻电影中神秘幽灵的外观。你可以从零开始设计，先用多边形建模，再通过曲面建模增添幽灵的褶皱和细节，选择半透明的身体、发光的眼睛和冰冷的皮肤等。完成了初步建模后，接下来开始渲染。特效团队会模拟光线如何与幽灵的表面相互作用，计算幽灵每个部分的颜色和亮度，创建阴影、高光和反射效果，采用透视投影模拟远近物体的尺寸和位置，还会使用纹理映射增加表面细节和个性。同时会进行深度测试，确定幽灵哪些部分是可见的，哪些部分会被电影场景中的其他物体遮挡。最后，将幽灵的模型和动画渲染为电影场景中的动画。

眼睛不够，VR 来凑

AR（Augmented Reality，增强现实）和 VR（Virtual Reality，虚拟现实）无疑是当今十分具有魅力的技术，但这些只是冰山一角。这类技术重新定义真实与想象的边界。

3.8 AR

让现实更具"魔力"。

AR 就像在现实世界中施展了数字"魔法"。比如风靡一时的 *Pokemon Go*，玩家利用手机的 AR 功能，在街头巷尾捕捉虚拟的口袋妖怪。一些平平无奇的地点因为游戏而变得热闹非凡。这不仅让人们重新发现了周围环境的乐趣，也激发了人们对日常生活的好奇心，不再宅在家里，而是走出家门，在城市的街道、公园和景点寻找虚拟的口袋妖怪。这种互动不仅是一种全新的游戏体验，更是一种崭新的社交方式，让人们通过屏幕互相连接，并在现实世界中建立联系。

3.9 VR

带你进入全新世界。

VR 技术提供了一种完全沉浸式的体验，让你仿佛置身于一个全新的虚拟世界。许多艺术家和创作者已经利用 VR 技术创造了令人叹为观止的超现实空间，参观者可以在其中自由探索、互动，完全沉浸其中。此外，VR 技术还被应用于治疗恐高症和创伤后应激障碍等心理疾病——通过在虚拟环境中逐步暴露患者于他们所害怕的情境，安全而渐进地帮助他们克服内心的恐惧。VR 技术在改善人们生活质量方面展现出了巨大的潜力。

除了 AR 和 VR，还有更多令人兴奋的技术正在改变我们的认知和体验。

3.10 混合现实

虚实融合，尽在掌握。

MR（Mixed Reality，混合现实）将虚拟元素与现实世界无缝结合，创造出既有现实物体又有虚拟物体的混合环境。用户可以同时与现实物体和虚拟物体互动，使得应用场景更加丰富和多样。例如，在教育领域中，学生可以通过 MR 技术看到古代建筑的虚拟影像，甚至可以进入其中进行探索。

3.11 扩展现实

超越现实，突破界限。

XR（Extended Reality，扩展现实）是涵盖 AR、VR 和 MR 的广义术语，代表了一切能够扩展我们感官体验的技术。XR 技术的应用范围极广，从娱乐、教育到医疗，无所不包。

3.12　全息投影

立体影像，触手可及。

全息投影技术让我们可以在现实世界中看到立体的三维影像，那些影像仿佛就在我们眼前。全息投影技术不仅在娱乐和展览中有广泛应用，还在远程通信和医疗手术中展现出了巨大的潜力。

这些前沿技术正在不断突破我们的感官和认知界限，带来前所未有的体验和可能性。无论是 AR、VR、MR、XR，还是全息投影，每一种技术都在以其独特的方式改变着我们的世界。

第10章 流形与拓扑

那么，更为复杂的空间和结构是怎样的呢？

我们可能就会想到"流形"（Manifold）与"拓扑"（Topology）这类概念，它们将抽象的数学空间和结构与实际世界中的物理和数据相连接。

弯曲的空间，平坦的世界

可以把流形想象成"弯曲"的空间，在这个空间中，每个小区域看起来都类似于欧几里得空间（平面或三维空间）。简而言之，在流形的每一点周围，我们仍然可以使用直线、角度和距离这些熟悉的空间概念。

想象一张标注了城市、道路和各类地标的地图。仔细观察，地图上的小区域看起来是平直的。然而在更大的空间结构中，整张地图展示了山脉、河流等复杂的地理特征，这些地理特征只有在更大尺度的地图上才能完全呈现。在数学中，流形就是理解不同尺度上的空间结构的方法。我们可以在每个小区域内使用欧几里得空间的概念，但在整体范围内，空间有更复杂的结构，可以处理曲面、高维空间或其他形状的对象，而不再局限于平面。

欧拉的 7 座桥

1736 年，欧拉来到哥尼斯堡（现加里宁格勒）。一条大河穿城而过，有两座小岛点缀其中，7 座桥连接着两座小岛与河岸。当地人提出了一个问题，如何既不重复又不遗漏地走遍 7 座桥，并回到出发点？许多人给出了解答，最终却都被人一一反驳。当欧拉来访的时候，这仍是个谜团。

欧拉的解决方式出人意料——他通过一笔画的方式来思考这个难题。关键在于简化，摒弃一切不必要的细节，无论是陆地、河流还是桥梁。欧拉用点来代表河岸和小岛，用线来代表桥梁，它们的形状和距离对于解决问题都无关紧要。

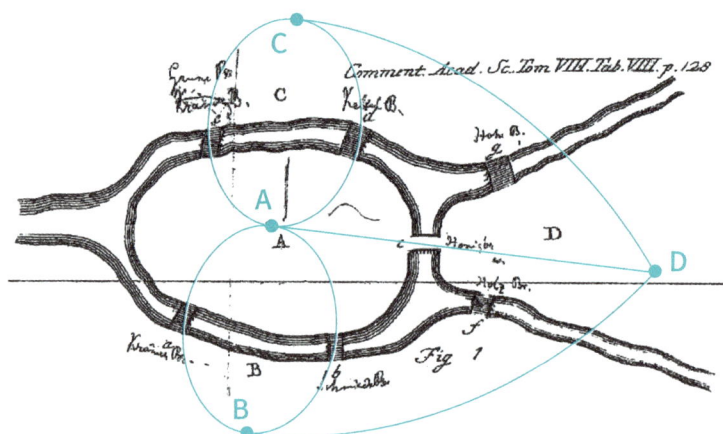

城市地图及抽象图

当你身处 A、B、C、D 中的某一点时，只要这一点不是终点，就必须经过这一点，再继续前行。这一点必须同时连接着两条边，一进一出。如果你又回到了这个点，必须离开。因此，连接这些点的边总是成对出现，数量必然是偶数。然而，在 7 座桥、岛屿和河流形成的图形中，没有一个点满足这个条件，因此这是不可能解决的问题。

欧拉巧妙地把七桥问题抽象成了数学模型，并发表了论文《关于位置几何问题的解法》（*Solutio Problematis Ad Geometriam Situs Pertinentis*）。他的奇思妙想为图论的发展奠定了基础，也启发了拓扑学的思想——关注的并非具体的度量或大小，而是空间和形状的性质，如连通性、连续性及其在不同条件下的变化与不变。通过这种抽象的方式，欧拉揭示了问题的本质。

世界的真相，也往往如这七座桥，藏在事物之间的联系中。找到事物之间的联系，也就慢慢摸到了通往真相的大门。

甜甜圈 = 咖啡杯？

3.13 拓扑

伸缩看世界。

从拓扑学的视角来看，一个甜甜圈和一个咖啡杯其实别无二致。为什么会这样呢？拓扑学到底在研究什么？

当我们谈论拓扑时，可以想象它与空间的"形状保持"有关。

想象你有一块橡皮布。你可以拉伸、压缩、扭曲它，但不能撕破或黏合它。无论你如何改变它的形状，你都无法改变橡皮布上点的关系，比如哪些点相邻、哪些点连接在一起。这种性质就是拓扑性质。

拓扑学家关心的是在这种"形状保持"的变换下，物体的一些特征是否保持不变。比如，一个咖啡杯和一个甜甜圈在拓扑学的视角下是相同的，因为你可以通过拉伸和扭曲将咖啡杯变成甜甜圈，并且不需要撕破或黏合。这就是拓扑学的思想：关注空间中的基本性质，而不关心具体的度量或几何细节。

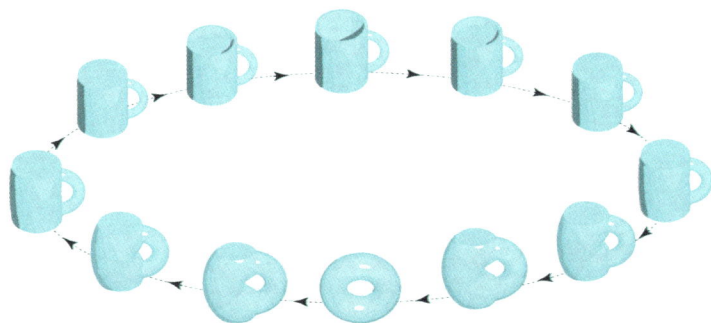

咖啡杯与甜甜圈

在拓扑学的奇妙世界里，咖啡杯和甜甜圈竟然是同一个东西——甜甜圈中间的孔洞和咖啡杯把手上的孔洞是相对应的，其他部分只是经历了不同程度的拉伸、压缩和扭曲。然而，一个孔洞的甜甜圈和两个孔洞的甜甜圈在拓扑学上就完全不同了。拓扑学可以说是橡皮布的几何学。

外在的形态不过是表象，真正的本质藏在看似不同事物间的深层联系里。

拓扑学就像一面独特的魔镜，通过它我们可以看到世界中隐藏的联系和共性。除了在咖啡杯和甜甜圈之间画上等号，拓扑学还揭示了许多隐藏在形状背后的奥秘，在网络分析、材料科学、生物学等诸多领域中大放异彩。

想象一下，当你站在拓扑学的视角看世界时，会发现身边的许多事物原来有着如此深奥的联系。拓扑学不仅可以增添趣味性，而且可以帮助我们解锁隐藏在形状背后的无尽奥秘。正如咖啡杯和甜甜圈在拓扑学中被视为同一个东西，这门学科以其独特的视角，为我们展示了世界的另一面，揭示了无数不可思议的关联和规律。

第四部分

追求的革新：从统计到智能

最终，数据不再是单一的。数据多了，就有了统计，也就慢慢孵化出了智能。

在人类漫长的历史中，我们穿越数据之海，记录人口的涨落、商品的流通、气温的波动，如同一场壮丽的航行。统计学如同"航海智者"，教我们采集星辰数据，精心绘制星图，从中解读数据。

早在古代，人们便开始对生产生活中的重要数据进行统计——古巴比伦人记录税收，古希腊人统计公民和士兵数量。抛硬币本质上也是简单的统计。

历史上，第一个系统地整理数据并出版专著的是 17 世纪的英国统计学家约翰·格兰特（John Graunt）。当时，黑死病肆虐，英国政府每周发布死亡公报。格兰特对这些数据进行了深入分析，整理得出了清晰的表格，并提炼出了一些统计规律。下图所示为格兰特在 1662 年出版的关于医学统计的开创性著作《基于死亡登记的自然和政治的考察》（*Natural and Political Observations Made Upon the Bills of Mortality*），其中列出了 17 世纪伦敦居民的死亡原因。这是乱世中产生的统计，符合统计学的特质——在纷乱中找到规律。

1662 年出版的《基于死亡登记的自然和政治的考察》

时代变迁，数据的复杂性与日俱增，需要更加科学和有效的方法面对汹涌的数据海洋。统计学应运而生，发展出了娴熟的数据处理和分析技术，人们可以此找寻有意义的信息和隐匿于数据中的法则。

第11章 统计的意义

统计学的一个意义是，人类面临"不确定"的一种赌的方式。

人类在不确定中下注，通过经验寻找真理。我们的一生，不正是在寻找那些看似稳妥的路径吗？名校、好工作，这些选择不过是更高成功概率的押注。

帕斯卡的赌注

如何面对分析中的不确定性？帕斯卡的赌注（Pascal's Wager）提供了一种选择——一个关乎宗教信仰与无神论的选择。

我们应该如何面对神？法国数学家、哲学家布莱士·帕斯卡认为，人们无法通过理性的证据来证明上帝存在或不存在，因此在这个问题上，人们需要下一种有利可图的赌注。

当上帝存在无法被证明时，应该如何选择？

帕斯卡的赌注以辩证的方式设想了以下各种情形。

- 如果你相信上帝存在并依从他的教义，而上帝确实存在，那么你将在来世得到无限的幸福。

- 如果你相信上帝存在并依从他的教义，但最终发现上帝不存在，你失去的只是一些现世的享受，而不是无限的幸福。

- 如果你不相信上帝存在并过着无神论的生活，但最终发现上帝确实存在，那么你将面临无限的痛苦。

- 如果你不相信上帝存在并过着无神论的生活，而最终发现上帝不存在，你失去的只是一些现世的享受，并没有得到无限的幸福或痛苦。

根据以上情况，有以下两种不同的选择。

- 相信上帝存在并遵循教义：如果上帝存在，你将在来世获得无限的幸福；如果上帝不存在，你失去的只是一些现世的享受，并不会面临无限的痛苦。

- 不相信上帝存在：如果上帝不存在，你失去的只是一些现世的享受；如果上帝存在，你将面临无限的痛苦。

基于这两种选择，帕斯卡的结论显而易见：赌注中潜在的无限幸福远大于任何现世的幸福，而不信上帝存在的选择会带来难以承受的损失。

尽管帕斯卡的赌注主要用于讨论宗教信仰，但是它的思想内核同样适用于现代分析。面对不确定的结果时，我们常需要在不完全信息下做出决策，分析潜在的收益和损失，做出最优选择。

帕斯卡的赌注引导我们思考，在数据有限、未知数过多的情况下，如何理性应对不确定性。帕斯卡的赌注并非为证明神的存在，而是为应对未知提供策略：在最大化收益的同时，尽量减少不可承受的风险。

统计的发展

何为统计？

4.1 统计

只是过去事情的一种总结。

统计学的发展历程可以视作一部充满理论创新与技术进步的史书，其源自 17 世纪的数学家对赌博问题的探讨。帕斯卡与皮埃尔·德·费马（Pierre de Fermat）通过书信交流，试图解决概率问题，这标志着概率论的初步形成。尽管当时"概率"这一概念尚未完全成熟，但他们为后来数学和统计推断奠定了坚实的理论基础。

18 世纪，托马斯·贝叶斯（Thomas Bayes）提出了著名的贝叶斯定理，这是统计推断领域的重要突破。贝叶斯定理通过条件概率的思想，赋予了人们从结果推断原因的能力，极大地推动了统计学的发展。如今，贝叶斯定理已被广泛应用于机器学习、医学诊断等领域，它是现代统计学中不可或缺的方法。

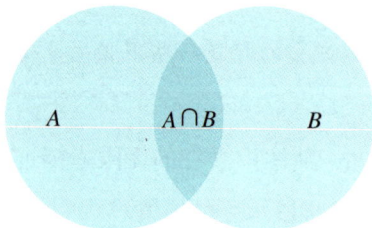

$P(A\mid B)$：在发生 B 的情况下，发生 A 的概率
$P(B\mid A)$：在发生 A 的情况下，发生 B 的概率
$P(A\cap B)$：A 与 B 同时发生的概率

$$\Rightarrow P(A\cap B)=P(A)\times P(B\mid A)=P(B)\times P(A\mid B)$$

$$\Rightarrow P(A\mid B)=\frac{P(B\mid A)\times P(A)}{P(B)}$$

贝叶斯定理

19 世纪，高斯（Gauss）和勒让德（Legendre）分别提出了最小二乘法，这是一种通过最小化误差平方和来进行数据拟合的经典方法。最小二乘法在天文学、物理学等领域得到了广泛应用，成为参数估计的标准方法之一。最小二乘法为后来的回归分析及许多其他统计方法奠定了基础。

20 世纪，最大似然估计（MLE）的提出成为统计推断中的另一重要里程碑。这一方法通过最大化观测数据的概率，估计模型参数，在生物统计学、经济学和许多应用领域大放异彩。最大似然估计不仅深化了参数估计的理论，还为复杂模型的应用提供了有效的工具。

当代，统计学与计算机科学的融合催生了机器学习和统计机器学习。现代统计方法已经超越了传统的推断框架，能够处理海量数据并揭示复杂系统中的潜在模式。特别是在高维数据和网络数据的分析中，统计学家与计算机科学家密切合作，推动了统计学的进一步发展。

从帕斯卡的赌注，到贝叶斯定理，再到最小二乘法和最大似然估计，每一个进展都推动了统计学从理论到应用的跨越。这段历程不仅反映了统计方法的演变，也反映了人类在面对不确定性时通过数据分析做出最优决策的能力的提升。

总之，统计学的发展是一段充满智慧与创新的故事。

在数数中寻找规律

统计的简单版本，就如同在数数中寻找一些规律。

比如，一个经典的科学问题：植物的生长如何受到环境因素的影响。

科学家收集了一组有关植物生长记录的数据，包括植物每天接受的阳光照射时间（单位：h）和其生长高度（单位：cm）。从这些数据中寻找蛛丝马迹。

第1天	高度（cm）\时间（h）	8	10	12	14	16	18
	A 植物	1.5	1.8	2.2	3	3.5	4
	B 植物	2	2	2.1	2.2	2.4	2.4

第2天	高度（cm）\时间（h）	8	10	12	14	16	18
	A 植物	6	6.5	6.6	7	7.3	7.4
	B 植物	2.5	2.5	2.5	2.6	2.8	2.9

A、B 植物的生长记录

统计学就像科学研究中的放大镜，能帮助科学家们从看似随机的数据中找到模式。统计学家的工作不仅是"数数"，而且要利用数据，通过分析数据之间的关系，发现自然界中的规律。这不仅能够预测植物在不同光照条件下的生长情况，还能为未来的农业种植提供科学依据。

描述性统计：数据的讲述者

美国的数据科学家本·施奈德曼（Ben Shneiderman）有句箴言，即"Overview First, Zoom and Filter, Details on Demand"，翻译成中文是"概览优先，放大过滤，细节按需"，即首先要提供数据的全貌，这对做决策非常重要。

如何提供数据的全貌呢？描述性统计是最简单的方法之一。

描述性统计（Descriptive Statistics）就像数据的讲述者，能帮助我们理解数据。例如，在汇总和整理数据之后，A、B 植物生长记录的柱状图如下图所示，其揭示了 A 和 B 两种植物的生长趋势如何受阳光照射时间的影响。

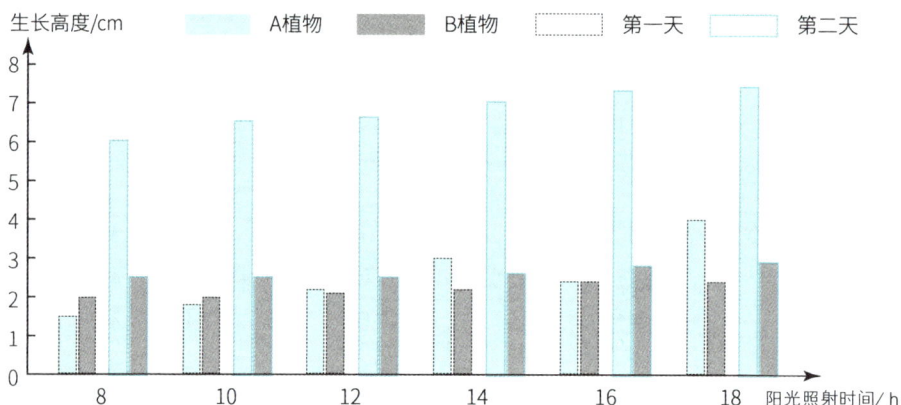

A、B 植物生长记录的柱状图

4.3 中心趋势度量

数据的舞台中央。

在描述性统计中，包括平均值、中位数和众数在内的中心趋势度量代表了一组数据的共同性质和平均水平。在 A、B 两种植物的生长数据中，A 植物第一天平均每小时增长高度的平均值是 0.25 cm。

4.4 平均值

集体的平衡点。

在我们的生活中，经常存在一些误解。比如，我们常听到有人说："读书有什么用？很多成功人士如比尔·盖茨、乔布斯、马云等，学历都一般，但他们依然取得了巨大的成功，所以学历并没有那么重要。"这是一种典型的对统计结果的误解。

当我们描述一种集体现象时，需要使用集体的语言。例如，问题"学历重不重要？"是面向集体提出的，因此回答也必须具备整体性。我们不能只用几个例子来说明问题，必须用整个集体的数据才有说服力。

我们可以通过比较学历高的人的"成功率"和学历低的人的"成功率"来揭示这一问题的实质，结果往往是学历高的人的"成功率"更大。但这并不是说明学历高的人一定会"成功"，而是说明学历高会增加"成功率"。我们努力的目的，只是为了增加"成功率"，而不是保证必然成功。

4.5 变异性度量

数据舞动的节奏。

变异性度量描述了数据的离散程度、变化和差异。范围、方差和标准差等变异性度量告诉我们数据的多样性和分布范围。例如，植物生长高度的范围揭示出最高植物和最矮植物之间的差异，让我们对整个数据集有了直观的认识。

4.6 分布形态度量

数据的形状。

分布形态度量用来描述数据分布形状，提供数据分布对称性、峰度及偏斜程度等信息，使我们能够更全面地了解数据分布的特性。其中较常用的分布形态度量为正态分布。

正态分布（Normal Distribution）是数据"正常"时的样子，所以也被称为"常态分布"，还被称为高斯分布（Gaussian Distribution）。一般事物在正常状态下往往符合正态分布——高峰位于正中央，左右对称。比如人的身高，特别高的人较少，特别矮的人也不多，中等身高的人占了大多数。人的智商也是如此，天才是罕见的，大多数人都是比上不足，比下有余。

当然，除了正态分布，还有各式各样的分布形态度量，如下图所示。

样本分布	说明	应用或举例
均匀分布	在指定的区间内，取每个数值具有相等的概率	抛一颗 6 面的骰子，每面出现概率都是 $\frac{1}{6}$
指数分布	描述等待时间的概率分布，常用于模拟随机事件发生的时间间隔	常用于可靠性工程、排队论等领域
泊松分布	描述在固定时间或空间内随机事件发生的次数	单位时间内事故发生的次数
伽马分布	描述连续随机事件的等待时间	适用于描述不同形状的概率分布
贝塔分布	在概率论和统计学中，用于描述随机变量的概率分布	常用于模拟比例和概率
卡方分布	描述一组独立正态随机变量的平方和的分布	在统计推断中广泛使用，特别是检验统计假设、构建置信区间等
t 分布	描述一组独立随机变量在一定自由度下分布情况的概率分布	用于小样本情况下的统计推断，特别是在样本的总体标准差未知时
F 分布	两个服从卡方分布的独立随机变量各除以其自由度后的比值的抽样分布	用于比较两个或更多样本的方差是否显著不同，常用于方差分析等
二项分布	描述在一系列独立的是非试验中成功次数的概率分布	适用于二元事件
多项分布	二项分布的扩展	用于描述多个类别的多重试验中各类别出现次数的概率分布

常用样本分布

如何质疑世界？

质疑世界是一种能力。《科学的起源》中指出，其实我们认为的大部分的真理，在历经岁月之后，很可能会出现变化，甚至变成错误的。因而，保持质疑，保持批判性思维（Critical Thinking），是一种能力。

如果你对某个事情提出了质疑，如何进行论证呢？这就像侦探破案，我们可以借助各种工具来分析线索、解开谜团。

推断性统计：推断未知

假设检验（Hypothesis Testing）就像在科学领域的推理游戏中寻找真相。你需要从一个初步的假设——原假设（Null Hypothesis）开始，这通常是默认的无效假设。而目标假设——备择假设（Alternative Hypothesis）是你希望验证的有效假设。显著性水平（Significance Level）是你愿意承担的错误风险。

就像侦探评估两个嫌疑人，侦探原本认为嫌疑人 A 有罪，但通过搜集各种证据，可能会拒绝这一假设，从而认为嫌疑人 B 有罪。比如设定显著性水平为 0.05，表示侦探在拒绝原假设时愿意接受 5% 的错误风险。

4.7　置信区间

统计背后的自信。

置信区间（Confidence Interval）给你的结论加上信心的标签。

玫瑰生长情况和日照有关吗？

玫瑰生长情况和日照有关吗？

站在植物园的玫瑰花海中，面对一片盛开的玫瑰，你心中一定充满了好奇——这些美丽的花朵在过去一个月内生长了多少？为了揭开这个谜团，可进行一个小实验，选择 100 朵红玫瑰进行测量。一个月后，测量结果显示它们的平均生长高度是 5 cm。

不过，问题并没有结束：这个数字真的能代表所有红玫瑰的生长情况吗？如果再选 100 朵玫瑰，结果会不会不同？这就是统计中的一个关键问题：即使有了平均值，我们仍然需要知道平均值的"可信度"。

为此，统计学家引入了"置信区间"的概念。假设计算得到的 95% 的置信区间为 (4.5, 5.5)。这意味着你有 95% 的概率认为整个植物园中红玫瑰一个月的平均生长高度在这个区间内。这并不意味着 95% 的红玫瑰的生长高度都在这个区间内，而是说如果随机选择 100 朵红玫瑰并测量其生长高度，在 95% 的情况下，它们的平均生长高度在这个区间内。

4.8 *P* 值

衡量一致性。

在研究红玫瑰一个月的生长高度时，你注意到邻近的蓝玫瑰似乎生长得更快。为了验证这一观察，你决定进行统计检验。于是，你收集了一组蓝玫瑰的生长高度数据，并进行了对比分析。结果显示，蓝玫瑰的平均生长高度为 6 cm，而红玫瑰的平均生长高度为 5 cm。那么，1 cm 的差异是否足够显著？这是否可能仅仅是抽样误差造成的？

P 值在这时派上用场。*P* 值表示在原假设成立的情况下，观察到当前样本统计或更极端情况出现的概率。假设计算得到的 *P* 值为 0.02，这意味着在原假设为真，即在蓝玫瑰与红玫瑰的平均生长高度相同的情况下，观察到当前样本统计或更极端情况出现的概率是 2%。由于通常设定的显著性水平是 5%，而计算得到的 *P* 值小于这个显著性水平，因此有足够的证据拒绝原假设，表明蓝玫瑰的平均生长高度确实高于红玫瑰的平均生长高度。

别拿分析吓唬人

除了关心玫瑰的生长速度，你还想知道光照强度是否对花朵大小有影响。

通过收集的数据，你发现在强光下生长的红玫瑰的花朵通常较大，而在弱光下生长的红玫瑰的花朵较小，似乎表明光照强度和玫瑰花朵的大小之间存在某种关系。这时，相关性分析就派上了用场。

4.9 相关性分析

双方连接的强度。

相关性分析旨在衡量两个变量之间的线性关系的强度和方向，其结果常用相关系数来表示，记为 r，其值范围为 $[-1, 1]$。其中，r 的值接近 1 或 -1 分别表示两个变量之间存在强正相关或强负相关，而接近 0 表示两个变量之间的关系较弱。

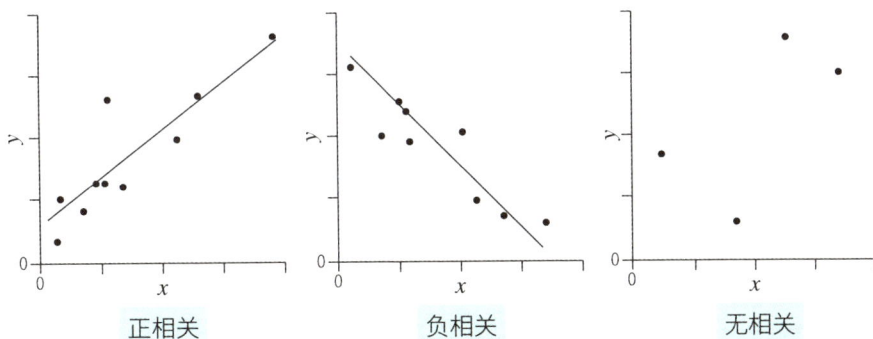

正相关	负相关	无相关

系数各类相关性示意

- 正相关：如果相关系数为正数，说明两个变量呈正相关关系，即一个变量增加时另一个变量也增加。相关系数越接近 1，正相关关系越强。
- 负相关：如果相关系数为负数，说明两个变量呈负相关关系，即一个变量增加时另一个变量减少。相关系数越接近 -1，负相关关系越强。

- 无相关：如果相关系数接近 0，说明两个变量之间没有明显的线性关系，它们不随着对方的变化而变化。

以光照强度与红玫瑰花朵大小的关系为例，如果其相关系数接近 1，则随着光照强度的增加，花朵会变大；如果相关系数接近 -1，则随着光照的增加，花朵会变小。

需要强调的是，相关性不代表因果关系。即使光照强度与红玫瑰花朵大小之间存在高度相关关系，也不能断定光照强度是影响花朵大小的唯一因素。土壤质量、水分供应等其他因素也会影响花朵大小。

4.10 回归分析

回到平均值。

我们知道植物的生长离不开光照，但是增加光照强度，玫瑰花朵会长得更大吗？这正是回归分析能够揭示的奥秘。

回归分析（Regression Analysis）是一项精妙的统计方法，用于深入研究变量之间的关系。假设你拥有一组数据：不同光照强度下红玫瑰花朵的平均大小。若光照强度增加，红玫瑰花朵大小会如何变化？

为什么叫"回归"？回归何处？

统计学先锋弗朗西斯·高尔顿（Francis Galton）提出了著名的"回归"（Regression）的概念，对现代遗传学和统计学的发展做出了不可磨灭的贡献。"回归"的概念源自他对身高的遗传关系的兴趣，他发现父母高，儿女也高；父母矮，儿女也矮——这个结论并没有什么过人之处。

更重要的发现在于，如果父母都特别高或特别矮，则儿女并非普遍地延续父母的身高，而是趋向于回归人口总平均身高。换言之，大自然似乎维持着一种平衡，让人类的身高分布相对稳定，而非走向两极分化。这种现象被称为平均值回归。

回归分析研究的是因变量与自变量的关系，通过自变量来估计或预测因变量的平均值。自变量可以是一个，也可以是多个。

我们先从简单的回归分析开始，仅考虑一个自变量，即光照强度对红玫瑰花朵大小的影响。首先需要收集数据，记录下不同光照强度下的红玫瑰花朵大小。然后绘制散点图，x 轴表示光照强度，y 轴表示红玫瑰花朵大小。随后寻找一条最佳拟合这些点分布的直线。这条直线就是回归线。表示光照强度与红玫瑰花朵大小的关系的回归线为

$$y = ax + b$$

其中 y 是因变量，x 是自变量，a 是斜率（表示 x 的每一个单位变化对 y 的影响），b 是 y 轴的截距。

当有多个自变量时，比如除了光照强度还需要考虑水分和土壤类型等环境因素的影响，那么需要多重回归。如：

$$y = a_1 x_1 + a_2 x_2 + a_3 x_3 + b$$

其中，x_1、x_2 和 x_3 分别是光照强度、水分和土壤类型，a_1、a_2 和 a_3 分别是它们的系数。

4.11 残差分析

当理想照进现实。

回归分析的目的是寻找拟合误差尽量小的模型，然而模型与实际观测之间必然存在差异。每一个数据点与回归线之间的距离被称为残差。残差分析（Residual Analysis）用于评估回归模型的适应性和准确性。

残差分析和最小二乘法有差别吗？是不是都是差异最小化的指标？

不同之处在于，最小二乘法通过最小化观测值与预测值之间的残差平方和来找到最佳拟合曲线，而残差分析是在拟合模型后对残差进行检查和评估的过程——旨在验证模型是否符合统计假设，比如误差是否符合正态分布、方差是否稳定等。如果这些假设不成立，模型结果可能会不可靠。

万物皆可定理?

统计是在反映万事万物的规律。那么，一个有意思的问题是，万物皆可定理？

大数定律

硬币每次抛出的结果都是随机的，但抛足够多次时，正面和反面出现的次数会逐渐趋于平衡，这就是大数定律（Law of Large Numbers）。随着实验次数的增加，正面和反面出现的概率会逐渐接近它们各自的理论概率，也就是 50%。

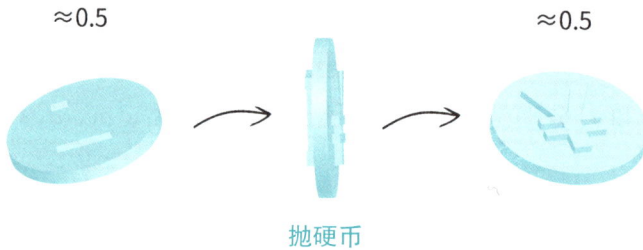

≈0.5　　　　　　　　　　　　　≈0.5

抛硬币

也许有人会问，硬币的正反面凹凸不平，这会不会影响抛硬币的结果？在日常生活中，我们通常会忽略这些微小差异，但在一些场合，比如赌场里的骰子，就要避免凹凸不平的表面带来的影响——骰子上的点不能是凹陷的，而是用密度相同的材料填平，确保最大可能的平均概率。

大数定律在实际生活中有着广泛的应用。例如，在工厂生产线上长期反复随机抽取产品进行质量检查时，抽样结果是对生产线整体生产质量的观测；在金融投资领域中，尽管股市可能在短期内波动较大，但长期投资的平均回报率通常会趋于稳定，接近历史平均水平。

中心极限定理

中心极限定理（Central Limit Theorem）是数理统计学和误差分析的理论基础。中心极限定理是指从任意总体中抽取足够多的样本并计算这些样本的平均值时，这些平均值的分布近似于正态分布。

样本、平均值、正态分布等都是我们已经了解的概念，那么中心极限定理有什么特别之处呢？

让我们用一个例子来说明。假设有 0 ～ 99999 这 100000 个数字，从中随机挑选 50 个数字，然后重复这个过程 1000 次，得到 1000 组样本。接下来，为每组样本计算平均值，得到 1000 个平均值。如果把这些平均值画成直方图，它们将呈现出正态分布的钟形曲线。

中心极限定理绝不只是学究式的晦涩的理论。比如医学研究中正在进行一项新的药物试验的时候，尽管只能获得数量相对较少的样本，但通过中心极限定理，医学家可以对样本的平均值进行分析，更全面地了解药物的效果。而在市场调查中，在推出新产品前，企业可以通过随机抽样对一部分潜在的消费者进行调查，分析样本的平均值，做出更具有战略性的决策。

辛普森悖论

除了展示规律、可预见的世界，统计学还可展示数据的纷繁复杂。

英国统计学家 E.H. 辛普森（E.H.Simpson）提出的辛普森悖论（Simpson's Paradox）揭示了数据的欺骗性。数据会撒谎吗？

比如有两家医院，第一家医院患者的死亡率为 8%，第二家医院患者的死亡率为 5%。这是不是说明第二家医院的医疗水平更高？假如到第一家医院就诊的患者中危重患者的数量是第二家的 5 倍呢？即使我们并不了解危重患者和轻症患者的具体比例，也能看出把样本一概而论带来的风险。

辛普森悖论提醒我们重视这个反直觉的现象——数据可能并非一目了然。

当细分数据时，不同子组的样本量不同，可能会导致总体趋势反转。为了避免辛普森悖论，收集和分析数据时要确保充分考虑各个因素，足够重视可能的变量，理解整体背景，以免以偏概全。

更多统计学的应用

统计学在科学研究、社会科学、经济学、医学等领域中都具有重要的作用，可以帮助我们从数据中提取有关现象和关系的信息，甚至发现一些普遍适用的定理。

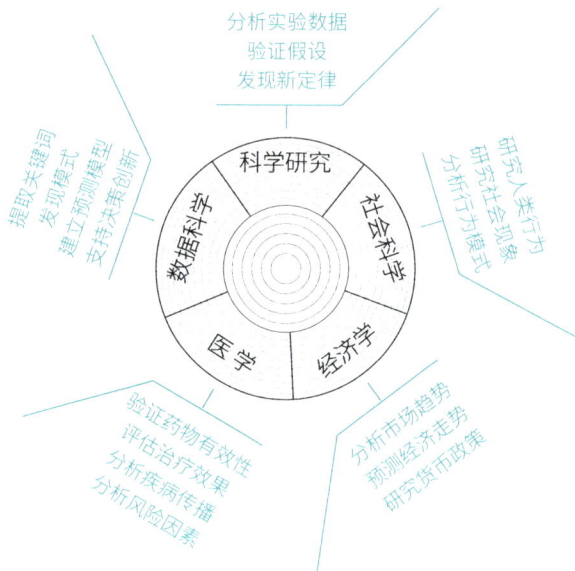

统计学的常见应用

在科学研究，例如在物理学、生物学、地球科学等领域中，科学家们使用统计方法来分析实验数据、验证假设、发现新定律。

在社会科学，例如社会学、心理学、教育学等领域中，科学家研究人类行为和社会现象时经常使用统计方法。一个简单的应用是，可以通过统计方法来分析行为模式等。

在经济学中，经济学家使用统计方法来分析市场趋势、预测经济走势，以及研究货币政策等。

在医学中，医学家使用统计方法来验证新药物的有效性、评估治疗方法的效果，甚至在流行病学中分析疾病的传播和风险因素。

在数据科学中，统计学成为从海量数据中提取关键词的关键工具。数据科学家使用统计方法来发现模式、建立预测模型，从而支持决策创新。

需要注意的是，统计方法并不总是万能的。它依赖于合适的数据收集方法、假设的正确性等因素。同时，统计方法可能受到误解和滥用，因此在应用统计方法时，需要谨慎思考，考虑数据的背景和限制。

第 12 章 在数据中"挖矿"

4.12 数据挖掘

在数据中"寻宝"。

当年的寻宝者,还在用铁锹来翻翻找找,试图探寻迷人的宝藏。然而,现代的寻宝者早已告别了铁锹,而是在数字世界里用算法和模型寻找数据的宝藏。简而言之,这是一场在数据的海洋中寻找隐藏宝藏的冒险。

更多的信息,并不意味着更多知识。数据挖掘(Data Mining)的目标并非收集数据,而是从大量的、模糊的、随机的数据中提取有意义的内容,识别隐藏在其中的具有潜在价值的信息和知识。

通过数据挖掘可以从无尽、杂乱的数据中撷取隐藏的智慧,揭示潜藏在混沌背后的秩序与真理。

非结构化数据约占数字世界中数据的 90%,也就是说,结构不规则或不完整的原始数据占据巨大的空间。在混沌中厘清数据带来的线索,通常需要结合使用统计、机器学习、人工智能等技术,筛掉数据中混乱和重复的噪声,自动分析数据和抽取有价值的信息。

解锁数字世界

犯罪率与空气污染有关系?

人们一般不会把空气污染和犯罪率联系在一起。但通过对城市环境数据的挖掘,研究者发现恶劣的空气环境和犯罪率上升呈现出一定的相关性。具体而言，PM 2.5 的平均浓度每增加 1%，犯罪率会上升 0.926%，而且对暴力犯罪的影响最为显著，对经济犯罪和腐败犯罪却不存在显著影响。当然，具体的关联也许并不那么直截了当，或许是因为空气污染对身体造成了影响，引起失眠、损害心理健康、降低生活品质等，从而诱发犯罪行为。这就需要更深入的数据挖掘和分析来揭示其影响机制。

数据挖掘已经是一个系统化的过程，不仅包括多个阶段，还涉及多种方法。理解数据、发现模式和洞察趋势主要的步骤是数据收集、数据预处理和数据挖掘。

数据收集的重要性毋庸置疑，辛普森悖论强调了正确理解数据组织和分布情况的重要性。要避免误导性的结论，第一步至关重要。数据预处理中的数据清洗就是大浪淘沙的过程，把不完整和带有噪声（包含错误属性值）的数据清理出去，保留完整、正确、一致的数据，并且将数据转换成规范的、适用于数据挖掘的形式。再运用统计方法、事例推理、规则推理，甚至神经网络、遗传算法等方法处理数据，评估并验证数据挖掘的有效性。

数据可以猜测吗？

分类（Classification）与聚类（Clustering）的主要差别在于类别标签是已知的还是未知的。

简单来说，分类时预先划分类别，然后通过既定的分类数据学习、训练，找出不同类别的特征，再对尚未分类的数据分类；聚类时未曾分门别类，没有预先设定类别和层级，只是通过对算法进行调整，将具有相似特征的数据归为一类。

分类

其实，数据挖掘中的很多术语是在模仿人类的语言，以达到让人易于理解的目的。

师傅领进门。

小孩牙牙学语的时候，父母总是不厌其烦地教他们区分太阳和月亮、花和草、左和右等。如果小孩指鹿为马，父母就会纠正，把认知的偏差调整过来。如此一来，小孩对世界的认知不断完善。例如，小孩见过了不同品种的狗，虽然金毛、哈士奇、吉娃娃、腊肠犬等品种的狗体态各异，但是他们看见一只以前从没见过的狗的时候，仍然能够根据以前的了解"预测"出它是一条狗。这就是监督学习的大致过程。

分类是一种监督学习方法，目标是预测一个或多个离散的目标变量。分类在数据科学中如同给聚会的每位宾客准备他们喜爱的饮品一样。有了先前聚会的经验，主办方通常能够猜测出宾客是喜欢果汁还是苏打水。这个预测过程就是分类的过程，例如基于以往宾客的喜好（历史数据）来预测新宾客（新数据）的喜好（类别）。如此，可以确保每个人都能喝到他们喜爱的饮品，从而让聚会愉快而顺利。

聚类

4.14　无监督学习

修行靠个人。

一切都是自然而然发生的。

聚类不像分类一样按图索骥。在一场聚会上，来自五湖四海的宾客聚在一起，开始随意地聊天。他们自然地会找到相同的话题，例如爱好运动的人约好了时间一起打球，喜欢看电影的人开始交流最喜欢的电影和导演，喜欢美食的人开始相互推荐餐厅。这就是"人以群分"。

当然，聚类的方法很多，比如经典的 k 均值（k-means）聚类算法、层次聚类算法、基于密度的聚类算法（如 DBSCAN）、基于网格的聚类算法及谱聚类等，这里不赘述。

预测性分析

4.15 预测算法

数据预言家。

数据挖掘的重要任务之一是使用历史数据预测未来事件。

谷歌推出过一种基于搜索引擎数据的流感预测模型"谷歌流感趋势"（Google Flu Trends），它利用人们对流感搜索的关键词预测流感暴发。当某个地区的人们突然频繁地搜索感冒症状、药物名称等与流感相关的关键词时，即将暴发流感的可能性就大幅上升。这一预测和官方机构发布的数据十分吻合，但是因为这是预测，发布的信息比统计得出的数据提前两周，因此一时间声名远扬。

然而，"谷歌流感趋势"没能预测到 H1N1 的暴发，而且出于对预测的依赖，流感疫苗短缺，不仅没能缓解流感带来的危害，反而助纣为虐。之所以出现这种状况，是因为搜索引擎无法区分搜索的原因——到底是因为有人生病了，还是只是出于好奇想要了解一下大概的流感趋势。

当然，个案的成败并不能代表预测算法的成败。通过引入更多的变量并且控制误差的范围，预测算法将会更加强大。

落叶飞花，算法看世界

算法为各种决策提供了各种帮助，为生活带来了便利。哪些算法在哪些情况下是真正的"幕后英雄"呢？这些算法的基本原理是什么？

决策树：做决定的流程图

决策树就像生活中的选择流程图。比如你规划一天的穿搭： 如果是晴天、高温，可以选择 T 恤和短裤；如果是雨天、低温，就要换成雨衣和长裤，如下图所示。按每一个选择都顺着树枝般的路径向下延伸，可找到最合适的穿搭方案。

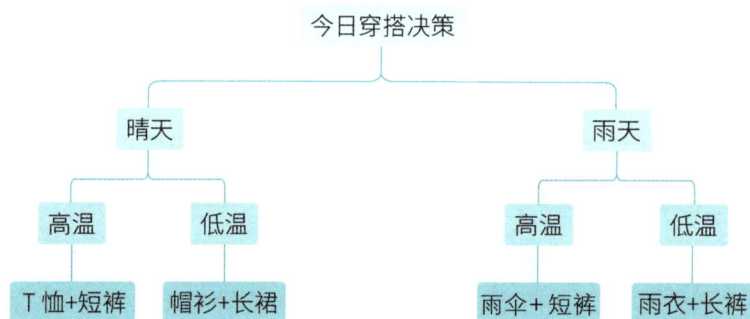

今日穿搭决策

晴天　　　　　　　　　　　　　雨天

高温　　　低温　　　　　　　高温　　　低温

T 恤+短裤　帽衫+长裙　　　雨伞+短裤　雨衣+长裤

今日穿搭决策树

决策树常用于电子邮箱的邮件分类——通过辨别发件人地址，以及邮件主题、内容、关键词等，把烦人的垃圾邮件过滤出去。

支持向量机：数据中的分界专家

从字面上看，支持向量机（Support Vector Machine）并不好理解。它要解决的问题是，在数据中找到一条最佳的分割线，实现有效的分类。不过这条分割线不是普通的分割线，而是同数据点——支持向量保持最大间隔，这就像在找一条最宽的小巷，确保无论未来有多少数据加入，它们都能在这条分割线两侧获得足够的空间。

在实际应用中，需要解决的问题或许不只是区分芝麻和绿豆、黄球和红球这样简单的问题，需要解决的很可能是三维、四维或者多维属性的分类问题，将其区分开的或许不是一条线，而是平面、超平面。支持向量机是擅长划界的

"规划师"，能寻找出数据中的最佳界线。

k 均值聚类算法：布道的魅力

k 均值聚类算法的一个著名解释是牧师 – 村民模型。

k 位牧师前往郊区布道。一开始，他们随意选择了几个布道点并告知了郊区所有村民。村民会选择离家最近的布道点去听讲。有些村民仍然觉得距离太远，于是每位牧师统计了听自己布道的所有村民的地址，搬到了所有地址的中心地带，并在公告上更新了布道点的位置。然而，每次位置变动并不能让所有人离得更近，例如有些村民发现，A 牧师移动后不如 B 牧师处更近，于是选择了离自己更近的地点。如此反复，牧师每个礼拜更新布道点的位置，村民根据自己的情况选择布道点，最终达到稳定状态。

Apriori 算法：寻找常在一起的那些事

Apriori 算法用于在看似杂乱无章的线索中发现哪些事物经常同时出现。比如在一堆购物小票中找出经常一起购买的商品，下次推销时就可以把这些商品放在一起促销。这个算法通过识别数据中频繁出现的组合，帮我们揭示隐藏在日常活动背后的模式。

Apriori 算法的原理并不复杂——如果一个组合经常出现，那么组成这个组合的每个单品也会经常出现。反之，组合中的任何一个单品单独被购买的次数不多，那么购买这个组合的情况也不常见。

Apriori 算法适用于大规模数据集，有助于避免对所有可能的组合进行搜索，从而节省时间和计算资源。

算法如同自然中的隐形规则，无声无息地引导我们理解世界，揭示秩序与混沌间的微妙平衡。

神秘的神经网络

当下热门的研究方向，也是在数据中"挖矿"的利器之一——神经网络。正是它，推动了人工智能的不断进化。这里，浅谈一下神经网络。

人类的大脑，是自然界中最复杂、最神秘的系统之一。每一次记忆、每一个思考，都是无数神经元间精密互动的结果。当我们尝试记忆一段旋律，或者试图回想某个遥远的场景，大脑中的神经元就像织网般编织起一条条全新的路径。而这种对模式的捕捉和塑造，正是神经网络所模拟的核心——通过反复训练，逐渐从混沌中寻找到秩序，一步步向智能的更高境界迈进。

从思辨到技术——智能探索的哲学根基。神经网络是人类探索"智能"本质的重要途径。自古希腊起，柏拉图（Platon）与亚里士多德等哲学家就已经开始思考思维与意识的核心问题。然而，这个看似形而上的问题，直到 20 世纪才得以通过计算的视角真正进行技术讨论。1943 年，麦卡洛克（McClulloch）和皮茨（Pitts）提出了一个基于神经元的计算模型，首次将生物智能的思维过程转化为数学模型。这一思想革命不仅开启了人工智能的先河，也让人类对智能的思考从哲学的天空落到了技术的土地。

然而，这一过程并非一帆风顺。早期的神经网络模型（如感知器）因只能处理线性问题，局限性十分明显，犹如只能看到世界表面，无法洞察世界内在的复杂性。直到多层神经网络的引入，特别是反向传播算法的提出，神经网络才真正具备了处理非线性问题的能力。这个过程就像一个学徒经过多年的学习与实践，终于能够找到复杂问题的解决方案！

深度学习的革命——从抽象到认知的飞跃。随着多层神经网络的不断演化，我们进入了"深度学习"的时代。深度学习的核心在于能够通过层层递进的结构，在数据中找到复杂的抽象模式。这不仅是对生物神经元系统的简单模仿，更是对"思维过程"的结构化重现。特别是卷积神经网络（CNN）的发展，使得机器在图像识别、语音处理等领域具备前所未有的能力。卷积神经网络如同艺术家在一幅复杂的画卷中逐层勾勒出细节，它不仅能从海量数据中提取出关键特征，还能对这些关键特征进行逐步的抽象与综合。

这种多层次的特征提取，深刻反映了人类认知的多维性。大脑在处理信息时，亦是从最初的感官输入，到更高层次的抽象与推理。神经网络在深度学习中的表现，实际上在向着模拟这种人类认知机制不断靠近。

大模型的出现——智能进化的新纪元。近年来，随着计算能力的提升与数据规模的扩展，人工智能进入了"大模型"时代。以 Transformer 和 GPT 等模型为代表的大型神经网络，拥有数以亿计甚至数以千亿计的参数，它们在处理复杂任务时展现出前所未有的精度和广度。

大模型不仅能够处理自然语言生成、图像识别等单一任务，还展现了跨模态的适应性——无论是文本、图像、视频，还是代码生成，大模型都能够游刃有余。GPT 甚至能生成具有高度连贯性与逻辑性的文本，仿佛拥有了"理解"语言的能力。这一现象引发了关于通用人工智能（AGI）的新一轮讨论。大模型的"认知"能力，似乎已经超越了传统人工智能算法的范畴，成为探索通用智能的一块基石。

然而，大模型的成功并不意味着结束。与其说它们是人类智能的模拟，倒不如说它们仍然是基于数据与计算资源的强力驱动。大模型的训练往往需要海量的计算资源，这带来了极大的能耗问题，也引发了对生态与社会影响的反思。与此同时，大模型的"黑箱性"让我们在实际应用中对其可解释性提出了更高的要求，尤其是在医疗、金融等关键领域，透明与公正至关重要。如何在确保效率与智能的同时，保持其伦理性与安全性，成为未来发展的核心议题。

尽管面临挑战，但大模型无疑代表了人工智能发展的前沿。它们不仅在技术层面取得了重大突破，也为我们思考智能的本质提供了全新的视角。未来，随着大模型的结构不断优化，以及计算资源的持续增加，我们有理由相信，大模型将引领人工智能进入更广阔的应用场景，从个性化医疗到智能城市、无人驾驶到跨学科的智能协作。它们不仅在技术上接近人类智能，更在某种程度上成为我们对智能的再思考与再定义。

神经网络的内卷如同思想的自我纠缠，每一层深度加深的不是智慧的边界，而是对模式的无尽反复，就像大脑在重复中探寻自由，却不知自由本就是无边的循环。

第 13 章　数据的边界与真相

因果推断的力量如何？

因果推断能帮助我们探究数据背后变量之间的关系，挖掘变量间的真实影响力。然而随着数据类型的多样化和数据量的不断增加，因果推断方法可能会面临新的挑战，也可能有新的突破。通过实例，我们将展示如何运用高级分析技术，洞悉数据背后隐藏的力量，做出明智的决策。

关于数据分析技术，我们不仅要问"数据告诉了我们什么"，更要问"如何让数据告诉我们更多"。

因果的纽带力

哲学中因果关系为重要论题。在计算中，因果同样是一个重要的话题。"因"和"果"正如纽带，将许多事物紧密联系在一起。

因果推断让我们能在数字迷宫中辨识出路。它不仅可以找出变量之间的联系，更可以揭示这些联系背后的故事，如同破译社交场合中的非言语暗号。

很多时候，相关和因果往往容易混淆。相关不等于因果。两个事物之间有关联并不意味着一个事物催生了另一个事物。在数据世界里，相关关系很容易被误认为因果关系。但"因果推断"就像一位揭露魔术真相的智者，让我们能分辨出真正的因果关系与相关关系。比如，在一场聚会中，气氛高涨看似是因为特定的歌曲，但实际上可能是背后的人员互动或其他因素在起作用。

数据的边界并不限制真相的深度，唯有因果推断才能穿透混沌，揭示隐藏在表象背后的真实力量。

因果图

因果图也称为有向无环图（Directed Acyclic Graph，DAG），是因果推断中的重要工具。一幅有向图若无法从某个顶点出发经过若干条边回到该点，这幅图是有向无环图，也称因果图。因果图的基本构成要素包括变量和箭头。两个变量之间有箭头连接表示它们之间有因果关系。比如下图中的节点 2 指向节点 1，表示节点 2 与节点 1 之间有因果关系。当节点 1 发生变化时，节点 4 和节点 5 可能随之变化，也可能不变。因果图为我们提供了决策的导航，揭示了各变量之间的直接和间接关系。

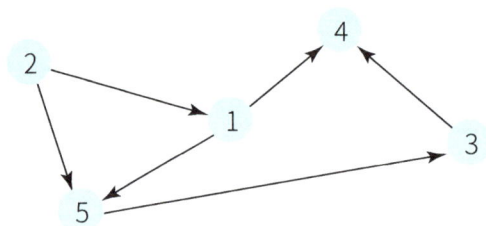

有向无环图

匹配与模拟：实现数据的公平对决

倾向评分匹配（Propensity Score Matching，PSM）常用于在观察性研究中进行因果推断。通过建立倾向评分匹配模型，使处理组和对照组在除了处理变量外的其他因素上尽可能相似，从而准确地估计处理效应。

例如，评估早晨喝咖啡是否能让人更快清醒。通过倾向评分匹配，首先收集参与者的个人信息，如年龄、性别、体重、睡眠时间、运动习惯，以及平常是否喝咖啡等。然后以个人信息为自变量建立倾向评分匹配模型，根据该模型为每位喝咖啡的人找到一个在其他信息上最相似的不喝咖啡的人进行匹配，完成后对比两组在清醒程度上的差异。

倾向评分匹配通过寻找"默契"的对照组，减少了因个体差异引起的选择偏差，并可以根据研究问题和实际数据灵活调整和改进，使研究更加有效。

实验设计：真实世界中的测试场

随机对照试验（Randomized Controlled Trial，RCT）常用于检测某种疗法或药物的效果。通过将个体随机分配到处理组和对照组，确保所有其他变量随机分布，避免试验中的偏差，使观察到的差异都归因于处理本身。

如下图所示，将患者群随机分为数量相等的 A、B 两组，然后分别使用 A、B 两种治疗方案，研究者根据两组的治疗结果比较治疗方案的效果和风险。随机分配最大限度地减小了混杂因素的影响，使得因果推断更加可信。

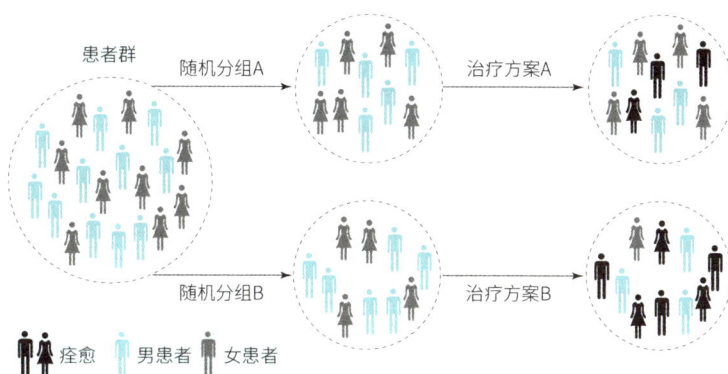

医药临床试验

解锁商业决策的因果密码

在商业决策中，仅依赖数据挖掘可能会导致错误，因为相关性并不意味着因果关系。因此，将数据挖掘与因果推断相结合，可以更好地理解数据中隐藏的因果关系。例如，企业不再仅满足于观察销售额与广告投放的表面同步，而是通过因果推断深究两者之间的实质联系。这种方法使企业能够识别和放大那些真正推动销售的营销活动，而不是盲目追逐表象。

通过结合数据挖掘和因果推断能够识别出影响商业绩效的真正驱动因素，帮助企业更好地理解市场和客户行为，制定更准确的营销策略、产品定位和定价策略，优化运营和供应链管理等方面的决策。这不仅使企业能够在复杂的商业环境中做出更明智的决策，也推动了数据科学和统计学的深入发展。

通过这些技术，我们不仅能够发现数据中的隐藏力量，更能利用这些力量做出科学、明智的决策，推动各个领域的发展和创新。因果推断不仅是一种技术，更是一种洞察世界、理解真相的智慧。

在数据的广袤宇宙中，真相常藏匿于边界处，超越了观察的极限。

数据岂可边界？

越界就是超越了自然的范畴，也就是不自然的事。在计算中，越界就是异常的事。

数据是否无边无际，抑或是有边界，存在超越其范畴的越界？随着数据的爆炸式增长，例如家庭中积累的大量照片和视频，如何有效地存储、整理和回忆这些照片和视频成为一大难题。同样，如何高效地存储、处理和分析数据，确保其中的"金子"不被埋没，成为挖掘数据真相的巨大挑战。

安全重于泰山

在数字时代，个人数据的收集、存储和处理变得越来越便捷，隐私风险也随之增加。脸书（Facebook）、雅虎（Yahoo）和优步（Uber）等公司都曾爆发严重的隐私泄露事件，引起轩然大波。

数据泄露和黑客攻击频频发生，不仅涉及用户的账户信息和信用卡信息，还涉及商业机密，甚至涉及政治。我们的网络轨迹如同现代化的"日记"，理应得到尊重与保护。

法律维护着人们对数字社会的信任。例如，欧盟的《通用数据保护条例》

（GDPR）统一了欧盟成员国的个人数据保护标准，强化了隐私保护。美国加利福尼亚州的《加州消费者隐私法案》（CCPA）增强了消费者对数据的控制权。在我国，《中华人民共和国网络安全法》对数据的收集、处理和传递进行了详细规范。虽然各地的数据安全法律规定有所不同，但都致力于保护个人数据的安全，促进数据的合法、公正和安全使用。

隐私与偏见

数据如同镜子，映照出世界的全貌，也映射出我们的偏见与隐秘。

"隐私是数字时代的珍贵货币"，正成为公众和立法者关注的焦点。我们的网络轨迹——现代化的"日记"，应得到和纸上的字句同等的尊重与保护。为了守护隐秘，全球各地建立了法律的屏障。

此外，数据偏见问题日益受到关注。如何避免数据收集、分析和解释过程中存在的偏差或失真，减小出现歧视性结果的可能性，成为当前研究的重点。

云计算与物联网的结合开辟了数据挖掘的新天地。云计算让计算服务不受具体物理设备和基础架构的限制，按需获取和使用计算资源，赋予了数据无限的蔓延空间，提供了几乎无尽的计算能力。而物联网将现实世界与数字世界连接起来，犹如地面上无数敏感的触角，细致捕捉现实世界的每一个微小脉动。

总之，数据的边界不仅存在于技术和存储容量中，也涉及隐私、安全与伦理。随着云计算和物联网的发展，我们不仅在探索数据的广度，更在挖掘其深度，寻找突破数据边界的方法，迎接一个更加智能和互联的未来。

用数据赚钱的秘密

数据也能用来赚钱？答案是肯定的。尤其是在大数据和智能化时代，这个本领显得越来越重要。

数据是一把钥匙，它打开的不是技术之门，而是数据隐藏的价值宝库。

购物车里的秘密

当我们在商店选购商品时，导购员会根据我们的喜好推荐商品。电商平台对顾客的观察更加细致入微。它们通过追踪逛店路线，分析购物车中商品的种类、价格和数量等信息，了解顾客的购买意向，从而提供更有针对性的商品推荐。

零售巨头亚马逊就是一个典型例子。通过精细的数据挖掘技术，亚马逊打造了精准而高效的"推荐系统"。当顾客在亚马逊上浏览或选购商品时，系统会读取顾客的历史购物信息，结合其他消费者的行为模式，巧妙推荐可能吸引顾客的商品。这不仅提高了用户的购物体验，还大大提升了亚马逊的销售额。对购买数据的深入分析为电商平台带来了双重收益：一方面能满足顾客需求，另一方面有助于提前制定市场策略。

电商平台打造推荐系统的依据

情绪的温度计

在社交网络盛行的时代，人们的喜怒哀乐在网络平台上显露无遗。个人化的表达如同天上的星星，虽小却亮，汇聚在一起形成了璀璨的星河。

例如，每当苹果公司推出新款手机，便会涌现出一波波对新品的评论热潮。通过情感分析工具，苹果公司能迅速捕捉到这些直接的反馈（既有正面的赞誉，也有负面的批评），为产品改进和市场策略的微调提供即时依据。

再以 Netflix 为例，这家流媒体巨头密切关注社交媒体上对其原创节目的各种评价。这些评价不仅影响了 Netflix 的推荐算法，还影响了未来节目的内容制作与投资决策。社交媒体上的直接反馈对企业来说是一种及时且具有针对性的市场信号。

信用的无死角画像

信用评分是金融领域里的守门人。金融机构通过深入分析个体的支付历史、消费行为等数据，精准评估贷款风险，决定谁能获得贷款，以及贷款的额度。

以美国的 Fair Isaac 公司提出的 FICO 评分体系为例，这一评分体系综合考量了个体的还款历史、债务水平、信用历史长度、新信用及信用类型等多个维度，评分从 300 分到 850 分不等，分数越高，个体的信用风险越小。银行和贷款机构依据这个评分来判断是否发放贷款，同时根据这个评分设定相应的利率和额度，像是为每个人量身定制一样。

近几年，我国的移动支付技术蓬勃发展。阿里巴巴推出的"芝麻信用"是一个创新的信用评分模型，它不仅考虑用户的金融交易记录，还包含用户在平台上的消费习惯和社交网络等全方位的数据，为用户构筑了一个全景的信用画像。

信用评分领域的变革表明，金融行业已不再简单依赖传统模型，而是朝着更全面、细致、智能的方向发展，以更好地为金融机构和消费者提供服务。

医疗的数据产业

随着医疗数据的海量增长和科技的飞速发展，医疗领域的数据挖掘显现出巨大的潜力。基因检测技术的应用逐渐成为现实。通过分析个体的基因数据，医生可以更好地了解患者的遗传特征和健康状况，从而制定更加精准的预防策略和治疗方案。

例如，一位有家族遗传性疾病的患者可能通过基因检测发现自己携带了相关突变基因。在这种情况下，医生可以针对患者的遗传风险，制定个性化的预防措施，如定期体检、生活方式调整和药物预防等。通过及早干预，可以有效降低患者的发病风险，延缓疾病进展，提高生活质量。

除了帮助预防疾病和提供个性化治疗方案，基因检测还为其他领域带来了重大影响，比如犯罪侦查。拥有大量基因数据的基因库不仅可以用于医学研究和临床诊断，还可以为警方提供有价值的线索。例如，当警方在犯罪现场发现生物样本时，医疗机构的专家可以通过比对基因库中的数据找到与生物样本匹配的基因数据，从而帮助警方迅速锁定犯罪嫌疑人，促进案件的侦破。

这些跨领域的应用，充分展示了科技创新的巨大潜力和社会价值。数据挖掘技术在各个领域的深入应用，不仅推动了行业的发展，也为我们的生活带来了切实的便利和保障。

第14章 从数据到意识

在由数据驱动的世界，我们正见证着一场悄无声息的智能化革命。这场智能化革命的参与者之一是机器，它面临着终极考验——图灵测试，如下图所示。这不仅是简单的问答游戏，更是对机器能否展现出与人类无异的智慧的深刻探索。图灵测试是对人类智能本质的哲学思考和对人工智能未来潜力的严肃审视。这场智能化革命静默而深远，将重塑我们的世界和自我认知。

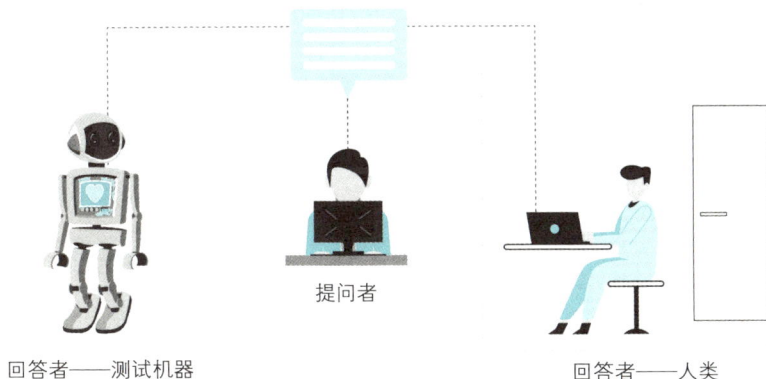

回答者——测试机器　　　　　提问者　　　　　回答者——人类

图灵测试

在看似普通的文字交流中，如果机器的回答让你分不清对方是金属与硅的产物还是血肉之躯，那么它便成功地迷惑了你，通过了图灵测试。

图灵测试不仅颠覆了传统的机器智能观念，更推动了人工智能领域的革命。以 OpenAI 的 ChatGPT 系列为例，这些聊天机器人在多种场合下展现了令人惊叹的自然语言处理能力。它们能够随机应变，人们在与之交流时几乎无法分辨对方是机器人还是人类。同样，客服机器人和智能语音助手，如苹果的

Siri 和亚马逊的 Alexa，也在理解和回应用户方面表现得越来越出色，悄然改变着我们与机器互动的方式。

这就是我们所生活的时代，一个人工智能技术不断突破边界，与大数据紧密相融的时代。在这个时代中，我们不仅是数据的观察者，更是智能体的伙伴。

智能体孕育思想

在学习的道路上，犯错是智能体成长的催化剂，这与人类的成长历程相似。一辆自动驾驶汽车在繁忙的城市街道上穿梭，它的"大脑"——一套复杂的算法，正在快速领悟如何在这个充满不确定性的世界中做出最佳决策。每一个错误，无论是对交通信号的误判还是对突发情况的不当反应，都成为算法学习和进步的宝贵经验。

无人驾驶

这不仅限于自动驾驶汽车。在医疗领域里，智能体正在成为卓越的"电子医生"，通过分析成千上万的病例数据，不断精炼诊断技巧，提供准确诊断，降低误诊的概率。在波澜起伏的股市中，智能分析工具像经验丰富的金融分析师，通过历史数据和实时市场动态，预测市场的走向，当然它会遇到预测偏差的挑战。

智能体在错误中学习，在失败中成长。它的成长历程让我们见证了一个真实且激动人心的事实：高级智能不再是人类独有的特质，机器也在以独特的方式体验这个世界，学习并成长着。

模仿也能超越

我们总是在先模仿、后超越的路上。模仿不一定是放弃创新，也可能是创新的捷径。或许，这是人类积累智慧的一种方式。

简单的网络与浅层智能

在人工智能发展的早期阶段，简单的神经网络是探索智能的基石。这些神经网络如同初学者掌握语言的基础字母，模仿着人类的基本思维过程。以早期的文字识别系统为例，虽然它只能识别简单的手写数字，但已是意义非凡的突破。这不仅是对机器理解复杂手写数字的初次尝试，也是向更高级智能应用迈出的关键一步。

同样，早期的语音识别系统虽然只能理解有限的命令或回应预设的问句，但它在自动电话应答服务中的应用已经为人工智能在语音识别领域中应用铺开了道路。这些系统虽简单，却在复杂的人机交互历史中占据了重要的一环，为人工智能从简单的模仿走向更复杂、更细致的理解和响应做好了铺垫。

早期的人工智能像一个蹒跚学步的孩子，尽管走得跌跌撞撞，但每一个小小的成就都为日后的成长和进步打下了坚实的基础。从这些初步的尝试中，我们可以窥见人工智能如何一步步从模仿人类的基本思维，发展到处理复杂、具有挑战性的任务。

复杂的结构与深度智能

随着技术的演进，人工智能从简单走向深度和复杂。深度学习的出现是智能技术的飞跃，为人工智能赋予了前所未有的能力，使其能够处理从语言翻译到图像识别的高级任务，展示了人工智能在模仿、理解乃至创造人类智能方面的惊人潜力。

谷歌的 AlphaGo 在围棋领域击败世界冠军，这不仅是深度学习能力的展示，更是人工智能领域一个划时代的里程碑。当 AlphaGo 落下一颗棋子，人类棋手面对的不再是对手的直觉，而是机器的深度学习能力。棋局之间，是智慧与算力的博弈。这不仅体现了机器在制定复杂策略和决策方面的能力，也展现了人工智能在学习和适应新挑战方面的惊人速度。

人工智能与真人棋手的对弈成为人工智能发展史上的一大里程碑

同样值得注意的是，自然语言处理系统，如各种智能语音助手和实时翻译程序，在理解和生成人类语言方面取得了巨大进步。自然语言处理系统不仅能流畅地与人类沟通，还能理解复杂的语言结构和意图。例如，智能语音助手如亚马逊的 Alexa 和苹果公司的 Siri，已经成为日常生活中不可或缺的一部分，它们不仅能回答问题，还能基于用户的偏好，提供个性化的服务。

在医疗、法律等专业领域内，人工智能展现了巨大潜力。在医疗领域，人工智能能够准确分析医学影像，协助医生做出准确的诊断；在法律领域，人工智能能够处理大量的法律文档，协助律师高效地进行案件研究。这些应用不仅展示了人工智能的广泛适用性，也预示着人工智能在未来可能在更多领域中发挥关键作用。

智能与算力

在人工智能的不断演进中，高性能计算机扮演了至关重要的角色。正如强大的引擎是推动火箭穿越大气层的关键，高性能计算机为复杂的人工智能算法提供了实现其潜力所必需的计算能力。这种计算能力使机器能够处理和分析前所未有的大量数据，解锁了智能技术的新领域。

例如，超级计算机运行的复杂气候模型能够模拟地球的气候变化，预测未来的天气，这对于环境科学的研究和应对全球气候变化具有重大意义；在金融领域，高频交易算法利用其高速的计算能力，可以在毫秒级别做出精准的交易决策，这不仅改变了交易方式，也对金融市场产生了深远影响。

在大型粒子物理实验如欧洲核子研究中心（European Organization for Nuclear Research，CERN）的大型强子对撞机（Large Hadron Collider，LHC）中，科学家们依赖于强大的计算能力来处理和分析巨量的实验数据，揭示微观世界的奥秘。这不仅加深了我们对宇宙基本规律的理解，也扩展了物理学和其他相关学科的边界。

在医学领域的基因组学研究中，超级计算机能够快速分析大量的基因数据，协助科学家们揭示遗传疾病的成因，从而促进个性化医疗和精准医疗的发展。

数据"长"出意识?

数据越来越多，数据中的更多的规律为人所知。数据的意识从"规律"中慢慢"长"出来了。

数据的智能化

在信息时代，数据已经成为人工智能系统感知世界的关键。人工智能系统通过分析海量数据，不仅能够学习和模仿人类的行为，还能预测市场趋势，做出复杂的决策。金融机构依靠数据分析来预测股市走势和评估信贷风险，展示了数据分析在经济预测中的强大能力。

在医疗领域，人工智能系统通过分析患者的治疗记录、临床试验结果和医学文献，可以协助医生诊断疾病，推荐合适的治疗方案。例如，某些人工智能系统能够通过分析肿瘤的图像数据，帮助医生确定癌症的类型和发展阶段，从而制订更有针对性的治疗计划。

此外，推荐系统是数据智能化的一个典型应用。流媒体服务如 Netflix、YouTube、爱奇艺和腾讯视频，利用复杂的算法分析用户的观看历史、偏好和反馈，以提供个性化的内容推荐。这种算法不仅用于个性化推荐视频内容，还广泛用于电子商务、音乐流媒体和社交媒体等多个领域，极大地提升了用户体验并增强了用户黏性。

在社交媒体上，智能推荐算法通过分析用户的互动、兴趣和网络行为，提供个性化的新闻、广告和社交活动推荐。智能推荐算法的目的是增加用户参与度和延长用户在线时间，同时提供精准的广告定位。智能推荐算法虽然带来了一定的隐私和伦理风险，但也展示了数据智能化在当代社会中的广泛影响和潜力。

如何模拟意识？

模拟意识是人工智能领域的巨大挑战和终极追求。尽管实现这一目标的道路仍然漫长且充满不确定性，但科学家和工程师们正通过提升人工智能系统的学习和决策能力，一步步接近这一目标。目前的研究重点是开发能够模仿人类大脑处理和分析信息方式的先进神经网络。例如，情感计算领域的研究正致力于赋予机器理解和模仿人类情感的能力，这不仅使机器能够更加自然地与人类互动，还有助于提升机器的理解和响应能力。

一些研究项目正在尝试模拟人类的复杂认知过程，如创造性思考、问题解决和抽象推理。这些尝试包括开发能够进行自主创作的人工智能，如编写诗歌、绘制艺术作品或编曲。虽然这些作品的创造性和艺术价值仍有待人类评判，但展示了人工智能在模仿人类认知过程中的潜力。

人们正在进行进一步的研究，探索如何让人工智能理解和模拟更复杂的人类行为和决策过程，包括从伦理和道德的角度做出决策，这对于自动化系统在复杂和敏感环境中的应用至关重要，如自动驾驶汽车在紧急情况下的决策制定或医疗人工智能在处理生存与死亡问题时的判断。

尽管模拟意识的完整实现仍然遥远，而且模拟意识和人类意识的性质是否相同仍存在巨大的争议，但现有的研究和发展已经为未来的技术发展开辟了新的方向，也对我们理解人工智能本身提出了新的问题。

永生的本轮

当数据孕育出智能时，意识可能突破肉身的桎梏，在虚拟与现实的交汇中，促使我们重新定义生命与永恒的本质。

探索数据与人工智能的结合实际上是在探索一种全新的存在形式，这种形式可能会打破传统的生命和死亡的界限，开启探索未知世界的全新途径。数字化意识，即将人类意识转化为数字格式并存储于计算机系统中，是这一领域中最引人入胜的研究之一。数字化意识不仅涉及技术挑战，还引发了关于身份、意识和存在本质的哲学和伦理讨论。如果意识能够被数字化，那么理论上人类的思想和记忆可以在虚拟环境中永久存续，甚至可以被转移到不同的媒介或实体中。

关于数字化意识的研究涉及关于身份和自我连续性的重要问题。例如，如果一个人的意识被复制到虚拟环境中，那么哪处的意识才代表"真实"的自我？这个问题触及了我们对自我、记忆和意识的深层理解，并挑战了我们对现实和虚拟、生命和死亡的传统看法。

更进一步的研究是探索如何利用 VR 和 AR 技术整合数字化意识。通过结合这些技术可能会创建出全新的交互体验，其中数字化意识可以在虚拟环境中以前所未有的方式体验、学习，甚至与其他意识交流。这样的技术为人类提供了新的生活和交流方式，还可能对教育、娱乐和社会产生深远影响。

数据与人工智能的结合正在开启一条通往未来的新道路，这条道路不仅在技术层面上具有革命性，也在哲学和伦理层面上引人深思，改变了我们对人类存在的理解。

第五部分

流程的更替：从纸带到软件

伏案计算，夜色渐凉。长时间枯燥的重复计算催生了一个想法——或许可以用一台简单的机器代替人计算。正是在这种想法下，图灵机应运而生。图灵机让机器能够为人代劳，其核心部件——读写头和纸带的灵感正是来源于伏案计算的现实情境。

图灵机与现代计算机有显著区别。图灵机的指令（或算法）并未存储在机器内部，而是存储在外部介质中。直到冯·诺依曼结构的提出，这一问题才得以解决。冯·诺依曼结构将程序指令存储器和数据存储器合二为一，使得指令的重要性大大提高。冯·诺依曼结构是现代计算机结构的基础。

然而，只有存储指令的计算机仍然不足以胜任复杂的计算工作。计算机需要一种更接近人类语言的编程语言，以便便捷地生成复杂算法的机器指令。于是，高级语言应运而生。

计算机编程语言的发展是计算机科学史上的一段传奇。从最初的机器语言到汇编语言，再到高级语言，每一次跃进都极大地提升了编程的效率和程序代码的表达能力。

流程的精简如同生命的节奏，是人类智慧对复杂世界的优雅回应；又如流水线将繁杂化为简约，映射出人们对秩序的深思。

第 15 章　从"可计算数"到"NP-hard"

今天或许难以想象，明天可能更加难以想象。

纸带和穿孔带来了颠覆性的创新，简单的 0 和 1 带来了巨大的改变。

图灵（Turing）之前，人们研究数字，伏案计算；图灵之后，机器编码为数字，数字解码为机器。数字是可计算的，通过数字能够得出各种问题的结论。

1936 年，图灵发表《论可计算数及其在判定问题上的应用》，在其中论述了图灵机——一台"可以用来计算任何可计算序列的机器"。然而，图灵的勃勃雄心受到了冷遇——工程师对其中的理论望而却步，理论家又因为"纸带"和"机器"所涉及的工程问题持怀疑态度。其实，最大的挑战并非制造图灵机，而是把问题转化为机器能够理解的语言。

图灵机的秘密

提到图灵机，就不得不提可计算数。

5.1　可计算数

可计算数（Computable Number）是指可用有限次、会结束的算法计算到任意精确度的实数。

换言之，可计算数是指，存在某个算法（即图灵机程序），能够对任意给定的精度 n，在有限步内输出该实数小数展开的前 n 位。因此，可计算数构成实数集合的一个可数子集。圆周率 π、自然常数 e 及 $\sqrt{2}$ 等熟悉的常数都是可计算的。虽然它们的小数位数无限，但图灵机可以依次生成每一位；对任何有限位数的需求，总有对应的有限计算过程。

与之相对的是不可计算数，例如查汝斯特数（Chaitin's constant）等，它们没有任何算法能够在有限步骤内逼近到任意给定精度。

图灵机的感觉

人与机器的类比贯穿图灵的思考。正如把进行数学计算的人比作处理有限计算的机器，图灵还将步骤的有限性和人类记忆的有限性关联起来。

如下图所示，图灵机主要由以下几个部分组成。

- 无限长的纸带作为记录媒介，也可称为存储带。纸带划分有一个个格子，从左到右依次编号为 0、1、2、3……每个格子可以记录一个指定的字符，如 0、1 或者其他数字和字母。

- 读写头。读写头不能"看见"整条纸带，每次只能"看见"一个格子，也可以在一个格子内写入字符。读写头可以在纸带上向左或者向右移动。

- 状态控制器。状态控制器可以根据状态控制器的状态和读写头正在处理的格子中的字符来确定读写头的下一步操作。下图中的状态有 0～9，以及 # 和 x 共 12 种。状态控制器可以改变状态。

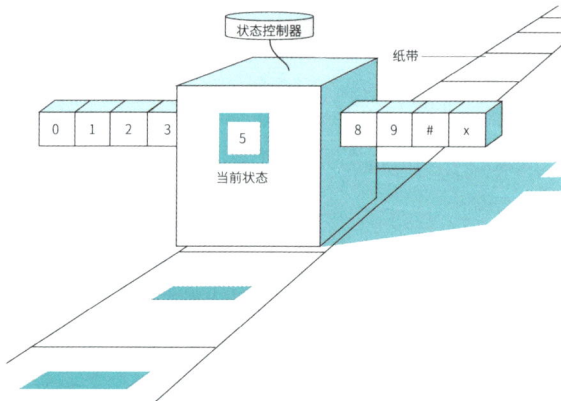

图灵机

图灵机的运转

图灵机的运转可以看作模拟我们解数学题的过程。我们如何解数学题？首先要读懂题目，理解数字和符号表达的意思，将注意力从一处转移到另一处，然后在纸上写下或擦除数字或符号。不断重复这两个动作，完成每个动作之后需要决定下一步做什么，直到得出问题的答案。如果图灵机无法进入停机状态，就会一直工作下去，也就意味着问题无法得出答案。

三分钟、五年，甚至几十年过去了，程序仍在执行。程序到底是不可能执行完毕，还是执行时间不够？是否可以构建一个"图灵机二号"用于判断程序是否能够在有限时间内结束执行？然而遗憾的是，停机状态下不可判定，这是一个自我指涉的经典问题。

"17 是否是质数？""输入的图是否是连通图？""一串由 0 组成的数字串中 0 的个数是否为 2^k（k 为非负整数）？"对于这些能够解答的问题，图灵机可以在有限的步骤内得出结论。

当前状态	输入	
	0	1
q_1	$1Rq_2$	$1Rq_1$
q_2	$0Lq_3$	$1Rq_2$
q_3	$0Hq_3$	$0Hq_3$

具体如何实现？让图灵机小试牛刀，进行加法运算。

⋯	0	0	1	1	0	1	1	1	0	0	⋯

在这条纸带上，只有数字 0 和 1，但在这个例子中，这并不是二进制数字。连续的 2 个 1 表示数字 2，连续的 3 个 1 表示数字 3。

纸带准备就绪，还需设置状态控制器的状态。

已预先规定了不同状态下的指令。q_1、q_2、q_3 代表不同的状态，L（Left）表示向左移一格，R（Right）表示向右移一格，H（Halt）表示停止。比如状态为 q_1，读取的数字为 0 时，读写头写下数字 1，并向右移一格，状态改为 q_2。

当读写头的初始位置在左边的第一个 1 处，并且初始状态为 q_1 时，根据指令，图灵机将会执行以下动作。

（1）在 q_1 状态下，读写头位于左起第一个数字 1 处，读写头读入数字 1，写入 1，右移 1 格，进入状态 q_1。

（2）在 q_1 状态下，读写头读入数字 1，写入 1，右移一格，进入状态 q_1。

（3）在 q_1 状态下，读写头读入数字 0，写入 1，右移一格，进入状态 q_2。

（4）在 q_2 状态下，读写头读入数字 1，写入 1，右移一格，进入状态 q_2。

（5）在 q_2 状态下，读写头读入数字 1，写入 1，右移一格，进入状态 q_2。

（6）在 q_2 状态下，读写头读入数字 1，写入 1，右移一格，进入状态 q_2。

（7）在 q_2 状态下，读写头读入数字 0，写入 0，左移一格，进入状态 q_3。

（8）在 q_3 状态下，读写头读入数字 1，写入 0，停止，得出计算结果。

执行完以上的动作，这条纸带上的数字变成了：

⋯	0	0	l	l	l	l	l	0	0	0	⋯

从表面上看，一系列的动作不过是将原来的数字 0 改为了 1，将 1 改为了 0，但实际上，运算已经完成，结果一清二楚——2+3=5。

⋯	0	0	l	l	l	l	l	0	0	0	⋯

这是图灵机进行运算的一个简单例子。虽然步骤比人们算出 2+3=5 复杂得多，但所有的指令都极为简单、明确。更重要的是，从理论上看，只要有足够的时间和存储空间，图灵机能够解答一切步骤有限的问题。

当然，并非所有问题都能得出结论，无论是图灵机还是其他机器，都得不出"将 $\sqrt{2}$ 表示为两个整数的比"的结论。与此同时，假如一个问题能够得出结论，但是过于耗时，也会失去实际意义。如何应对几乎不可解或无法证明结论的问题？

图灵机的设想提醒我们，计算的边界不仅是技术的极限，也是人类思维的镜像，映射出我们对无限与有限之间永恒张力的追问。

算法也有困难？

进行加法运算的算法和完成一幅拼图的算法难度一样吗？显然，算法也有不同的难度属性。

无论是简单的加法运算还是复杂的加法运算，得出结果并验证其正确性都相对容易。一幅拼图摆在你面前，必须一块块拼出来，哪怕缺一块都不行，而且不到最后根本不知道能否完成。拼一幅 9 块的拼图不难，但拼一幅 50000 块的拼图就非常难，即使用计算机程序也要花相当长的时间。不过，要检验拼图是否正确并非难事。

加法运算和拼图游戏分别代表 P 问题和 NP 问题。如前文所说，P 问题指的是可在多项式时间内解决的问题，而 NP 问题不能确定能否在多项式时间内找到答案，但可以在多项式时间内验证答案是否正确无误。这里的多项式时间指的是时间复杂度（比如 $n + 4$、$5n^3 - 2n^2$ 都是由常数系数和变量的幂组成的多项式，在计算复杂度中，多项式、表达式用来衡量算法执行时间随着输入规模 n 增大的增长速度，与指数级和阶乘级的增长速度相比，多项式增长速度被认为是可控的。），表示的不是算法解答问题花费的时间，而是当问题规模扩大之后，算法执行时间的增长级别。多项式时间可以表示为 $O(n^k)$，其中 k 是常数。

非多项式级的时间复杂度，如指数时间复杂度 $O(2^n)$ 和阶乘时间复杂度 $O(n!)$——回想印度国王的棋盘的爆发性力量，还有连高级计算机也无法在短时间内给出的旅行商路线，时间复杂度呈爆炸式攀升。

5.2 P 问题与 NP 问题

NP=P？

能否把 NP 问题转化为 P 问题？或者说，能够轻松验证的问题是否可以转化为容易解答的问题？

描述 P 问题与 NP 问题并不难，但至今尚未有人能证明这两类问题是否等价，问题仍然悬而未决。如果你能够证明或反驳这个问题，将会获得克雷数学研究所（Clay Mathematics Institute）奖励的 100 万美元。这个问题高居克雷数学研究所 2000 年公布的 7 个千禧年收录的难题之首（庞加莱猜想和黎曼假设都位列其中）。

如果能够证明 NP= P，就意味着看似困难的问题实际上有相对容易但细节复杂的解决方案，这不仅意味着能解决旅行商问题，也会让我们的密码系统岌岌可危，银行账户不再安全，而好处在于，医学领域可能会迎来重大突破——阿尔茨海默病和癌症也许会被攻克。

NPC 问题采取了问题约化的思路，将一个 NP 问题与其它 NP 问题等价转换，如果一个 NP 问题可在多项式时间内解决，那么所有 NP 问题都可以在多项式时间内解决。假如能够以解决问题 B 的方法来解决问题 A，就可以说问题 A 能够约化为问题 B。例如问题 A 是 $a+1=2$，问题 B 是 $0 \times n^2 + n + 1 = 2$，这两个问题分别采用一元一次方程和一元二次方程的解法，问题 A 能够约化为问题 B。如果证明采用一元二次方程的解法能够在多项式时间内解答，就意味着采用一元一次方程的解法也是如此。若沿着这一思路，将 NP 问题层层约化，必然会得到一个或者多个"终极问题"，这些终极问题就是 NPC 问题。

可以预见，NPC 问题没有固定的高效算法，但也无法证明针对 NPC 问题的高效算法不存在，目前只能通过非确定性算法，在多项式时间内给出问题的大概解答。例如旅行商问题，与其花费呈阶乘式增长的时间以暴力穷举法找出最优解，不如花合理的时间寻找一个尚可接受的解决方式。NPC 问题是一个大家族，许多问题的解决思路是相似的，如果能解决旅行商问题，那么其他问题如背包问题、拼图问题、数独问题等也都将迎刃而解。

NPC 问题需要满足两个条件：其一是其自身是 NP 问题；其二是其他问题能够约化为 NPC 问题。NP-hard 问题满足 NPC 问题的第二个条件，但不满足第一个条件。也就是说，NP-hard 问题是至少与 NP 问题一样困难的问题，但不一定是 NP 问题。

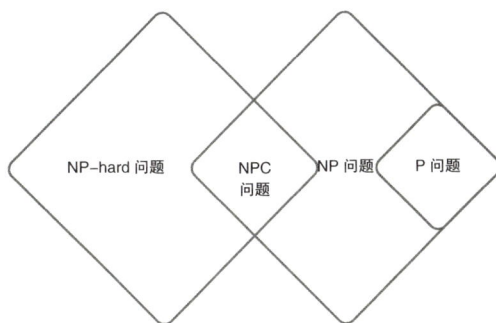

P、NP、NPC、NP-hard 问题之间的关系

按照现在的认知，P、NP、NPC、NP-hard 问题之间的关系十分明确，像迷宫一样，有迂回的路线和死胡同。假如这些问题之间的边界可以被打破，就像找到了迷宫的捷径，许多困扰人们的未解之谜可能会得到解决。

算法的复杂性如同宇宙的奥秘，有些路径虽能验证正确性，却未必能找到通向终点的捷径。探索的过程，就像在有限与无限之间徘徊，是永恒的存在。

当然，NPC 问题和 NP-hard 问题并不是难度的上限，比它们还要复杂的问题其实随处可见。比如下围棋，每一颗棋子都能改变棋局。围棋大师或者最新的超级计算机也只能给出最佳推测，即使 AlphaGo 在人机大战中展现了无与伦比的能力，也不能完全证明它的每一步都是无懈可击的最佳解决方案。

第16章 0和1，与机器对话

图灵机为计算机的诞生奠定了理论基础，但要将理论转化为现实，仍需要进行大量的工作和创新。冯·诺依曼（von Neumann）在这方面扮演了关键角色，他不仅实现了图灵的理论构想，还对其进行了重要的改进，使制造现代计算机成为可能。

冯·诺依曼通过物理手段实现了图灵的理论构想，并对图灵使用的一维纸带进行了改进。他提出的"冯·诺依曼结构"成为现代计算机的基础。冯·诺依曼结构在图灵机的基础上进行了几个关键改进，包括存储程序原理、指令集架构、二维存储和存储器层次结构等。

与图灵机不同，当今的计算机不再是由读写头、纸带和状态控制器构成的。下图所示为冯·诺依曼结构的原理，其中虚线箭头表示数据信号，实线箭头表示控制信号。这与我们在"计算机组成原理"课程中学到的一致，现代计算机由5个核心部件组成。

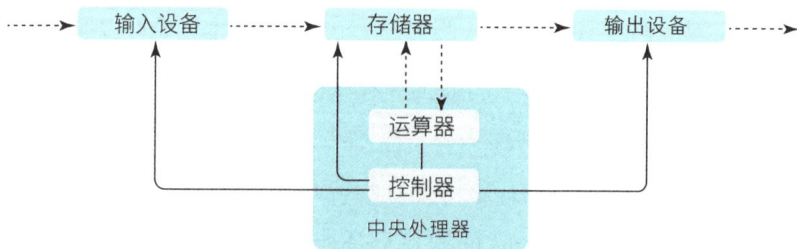

冯·诺依曼结构的原理

- **运算器**：计算机的核心部件，通过指令控制完成计算任务。
- **控制器**：也称为控制单元，是计算机的"指挥中心"，用于控制整个计算机有条不紊地执行程序。

- **存储器**：用于存储数据和指令。
- **输入设备**：用于向计算机输入各种数据或者指令，包括鼠标、键盘、数位板等。
- **输出设备**：计算机输出结果的部分，包括显示器、打印机等。

冯·诺依曼结构和图灵机的设计理念有显著差别。图灵机的纸带是数据的存储媒介，程序是状态控制器的一部分——数据与程序独立。这意味着如果要改变程序，就必须重新组装状态控制器。而冯·诺依曼结构将程序编码为数据，使数据和程序能够同时存储在存储器中，从而大大提高了计算机的灵活性。

冯·诺依曼结构还包含另一项重要变革：采用二进制数据。所有的计算都通过 0 和 1 的数学计算及逻辑运算来实现。这项变革使得计算机能够进行复杂的运算，并通过简单的逻辑操作实现复杂的计算。

冯·诺依曼让逻辑与电流在硅片上交织，赋予了计算形体。

总的来说，冯·诺依曼结构不仅使图灵的理论得以实现，还通过一系列关键的改进，奠定了现代计算机的基础。它的贡献不仅包含对计算机科学的巨大推进，更包含对整个信息时代的开创性影响。

军方先着急

从结绳记事到古印度的十进制数字系统，人类在漫长的历史中选择十进制数字系统作为计算的基石。

然而，计算机的世界大不一样——它是一个由 0 和 1 构成的世界。

听过三进制、十进制吗？

或许有人会问，难道计算机只能采用二进制？难道就没有采用三进制或其他进制的计算机？

其实，计算机并不总是二进制的天下。1946 年，第一台可编程的通用电子计算机，即电子数字积分计算机（Electronic Numerical Integrator And Computer, ENIAC）正式亮相，并用于美国陆军的弹道研究。令人惊讶的是，ENIAC 采用了十进制。虽然十进制更贴近我们日常的数字使用习惯，但它的缺点显而易见：需要的元件众多，稳定性相对较低。这也是为什么后来冯·诺依曼在《EDVAC 报告书的第一份草案》中提出了二进制的存储程序原理，这个想法不仅简化了设计，还提高了计算机的效率和稳定性。

不过，历史上确实出现过非二进制计算机的尝试。1956 年苏联开始研发三进制计算机 Setun。三进制计算机使用 –1、0 和 1 作为对称代码（或平衡代码），而不是常见的 1、2、3。这种设计在当时展示了非凡的稳定性和可靠性，尤其是在不同环境温度和电源电压下表现突出。然而，尽管三进制计算机吸引了不少国际订单，但苏联官员并不支持这种脱离计划经济的"幻想"，最终被迫停产。

一分为二，或许是大脑最原始的逻辑，也是我们看待世界的一种方式。

二进制计算机成为主流，有其合理性，也有其偶然性。二进制与数学运算、逻辑运算的紧密结合，使得二进制计算机的设计更加高效。此外，相关硬件技术的发展，如晶体管、电子管和集成电路等，也推动了二进制计算机的普及。从早期长达 30 m、重达 27 t 的 EDVAC，到如今比硬币还小的微型计算机，计算机的发展速度令人惊叹。

然而，未来的计算机是否仍然是二进制的天下呢？这也许并非毫无疑问。近年来，光子计算机和量子计算机打破了传统计算机的限制，人们也在尝试其他进制的研究。光子计算机利用光子作为信息载体，而量子计算机利用量子态进行运算，这些新技术为未来计算机的发展提供了无限可能。

在 0 与 1 的交替中，万物生于虚无，繁衍于极简；二进制的简约与深邃，也许能映射出宇宙的秩序与生命的原理。

总而言之，计算机选择二进制，不仅因为二进制的数学运算和逻辑运算已经相当完善，还因为硬件技术的发展使得二进制在实现上更加简单和高效。从灯泡的亮灭、电流的有无，到晶体管和二极管的通断，选择二进制似乎是顺理成章的。但未来是否会有其他进制计算机崛起，让我们拭目以待。

去吧，开启 0 和 1 的世界

二进制的出现比计算机的出现早了大约两个世纪。在 17 世纪末，莱布尼茨提出了二进制的概念。在十进制中，每一位由 0 到 9 共计 10 个数字组成，当一个位置的数字满 10 时就会向前进位；相似地，二进制中每一位只有 0 和 1 两个数字，当一个位置满 2 时向前进位。莱布尼茨的二进制不仅简化了计算，更揭示了数学与自然界深层次的联系。

有趣的是，我国古典巨著《周易》中的八卦卦象，早已蕴含二进制的雏形。阳爻与阴爻的组合，正是二进制编码的古老体现。这不禁让人猜想，莱布尼茨提出二进制，是否受到《周易》的启发呢？

尽管无法确切知道莱布尼茨是否直接受到《周易》的启发，但这种东西方智慧的交融无疑揭示了人类对世界本质认识的共通性。二进制从莱布尼茨的笔尖跃然而出，又在冯·诺依曼的手中得到实际应用，最终引领我们进入一个充满无限可能的数字世界。0 和 1 的简单组合，构建了现代科技的基石，也让我们在探索宇宙奥秘的道路上不断前行。

二进制、八进制、十六进制

二进制虽然简洁，但表示数时，难免冗长而抽象。那么，是否有进制可以既具有二进制的特点，又让数的表示更直观？

答案是肯定的。八进制和十六进制用更少的位数来表示二进制数，并且八进制数和十六进制数可以便捷地转化为二进制数。比如，十进制数 10000 以二进制表示是 10011100010000，以八进制表示是 23420，而以十六进制表示是 2710。

计算机的基本存储单位是字节，1个字节由8个二进制位组成，也可以表示为2个十六进制位。因此，使用八进制或十六进制能够有效地压缩二进制数的长度，增强可读性和易用性。尤其是在计算机的内存地址、字符编码、文件格式等领域，十六进制得到了广泛的应用。

假设你想表示1个字节的数，其二进制表示可能为11010101。对于人类而言，这样的长串数既难记又容易出错。而将其转化为十六进制表示，只需用两个字符：D5。这样的表示方式不仅简化了数的书写和理解，也提高了计算机处理效率。

如今，在计算机领域，人们已经习惯使用十六进制代替二进制来展示计算机的底层指令。比如，在解读计算机指令时，往往采用十六进制来代替二进制，这在一定程度上提高了计算机指令的可读性。

但有趣的是，计算机并不直接"懂得"十六进制。在计算机发展的初期，数据输入采用二进制的方法，输入设备被称为"穿孔纸带"。这种方法虽然原始，但奠定了计算机数据输入的基础。

总的来说，八进制和十六进制在计算机世界中起到了桥梁作用，使得复杂的二进制数变得更加直观和易于处理。它们不仅具有二进制的精确性，还提高了人类与计算机之间的互动效率，推动了计算机技术的进步。

天堂与地狱的最短路径

传说，天堂之门与地狱之门各有一个看门人，一个只说真话，一个只说假话，但不知道谁说真话谁说假话。你只有一次向他们提问的机会，如何辨别出天堂之门？

两道门分别是A、B，守门人分别是甲、乙。如果只问一个人A（或B）是不是天堂之门，无论答案是什么都没有任何帮助。假如可以多问几句呢？问两个守门人A是不是天堂之门，肯定会得到一组相反的答案；问一个守门人两道门分别通往哪里，也会得到一组相反的答案；问两个守门人两道门的去向，如果得到的是相同的答案，仍然无法断定谁说了真话，谁在撒谎。

如果只是询问一个守门人 A（或 B）是不是通往天堂（或地狱）是无济于事的，因为根本无法推断真伪。很显然，需要改变提问的方式，但是究竟如何提问？

答案很简单，需要提出带有"布尔运算"（Boolean Operation）的问题。

"布尔运算"得名于自学成才的数学家乔治·布尔（George Boole），他以数学的方法进行逻辑推演。二进制中的 1 和 0 分别表示逻辑概念而非数值大小，即逻辑成立为真，以 1 表示，不成立则为假，以 0 表示。布尔运算的规则实际上相当简单，主要有 3 条。

- 与（AND）：表示如果两个命题都为真，则结果为真；否则为假。即 1 与 1 为 1，其他均为 0。

- 或（OR）：表示如果两个命题中至少有一个为真，则结果为真；否则为假。即 1 或 0、1 或 1 均为 1，0 或 0 为 0。

- 非（NOT）：表示对命题的否定，即真变为假，假变为真。即非 0 为 1，非 1 为 0。

布尔运算简单明了，似乎并无玄妙之处，却能指明天堂之门。

甲、乙的对峙

你可以问甲："如果我问乙，他会说哪个是天堂之门？"这个问题有什么奇特之处？让我们列举各种情况。

答案一：A 是天堂之门。

情况一：甲说的是真话，乙说谎。A 是天堂之门是乙说的假话。结论：B 是天堂之门。

情况二：甲说谎，乙说的是真话。A 是天堂之门不是乙的原本回答。结论：B 是天堂之门。

经过同样的推理过程，得出相反的结论：A 是天堂之门。

总之，无论问哪一个守门人，给出的都是假的答案。

为何如此？这个提问已经将两个守门人的回答叠加，相当于进行了与运算，一真一假得到的答案一定为假。非假即真，只要把回答反过来就可以了，易如反掌。

织布机里的程序

问题的起源，可能是毫不起眼的织布机。

1725 年，法国的织布工人巴西勒·布雄（Basile Bouchon）发明了一种名为"穿孔卡片"（Punched Card）的奇妙工具，用于控制纺织机绘制图案。这个奇妙工具让织布机能够根据卡片上孔的位置来控制编织针的运动：当针头遇到孔时，它会穿过并拉起织线；当针头遇到卡片的实心部分时，它会被挡住。通过简单的孔洞排列，织布机可以自动编织出精美的图案。

布雄的发明不仅是一个纺织工具，更是一个早期的"程序"。通过穿孔卡片，布雄在无意中创造了一个预先设计好的程序：穿孔卡片上的每一个孔和实心部分都是对编织针行为的指示，这与现代计算机程序的本质如出一辙。

几十年后，另一位法国织布工人约瑟夫·马里耶·雅卡尔（Joseph Marie Jacquard）在穿孔卡片的基础上进行了改进，发明了更加复杂的织布机——雅卡尔织机。雅卡尔织机能够利用多张穿孔卡片，自动编织出各种复杂的图案。雅卡尔织机不仅在纺织业引发了革命，也让穿孔卡片的理念广为传播。

每一个孔都是人类与机器对话的起点，也是人类的思想开始被机器触摸的方式。

穿孔卡片的应用不仅限于纺织业。一个多世纪后，穿孔卡片被应用到传真机和电传电报机中。然而，穿孔卡片对现代科技影响最大的领域，莫过于计算机。19 世纪末，美国统计学家赫尔曼·霍利里斯（Herman Hollerith）开发了一种利用穿孔卡片记录并存储数据的方法，用于美国人口普查。这一方法极大地提高了数据处理的效率，并最终促使霍利里斯创建 IBM 公司。

穿孔卡片上的孔实际上是二进制的具体化，代表了计算机数据的输入和程序的存储。这些孔如何排列决定了机器的行为，这正是程序的核心思想。可以说，穿孔卡片是现代程序的雏形，其理念对计算机科学的发展产生了深远的影响。

下面我们深入探讨一下程序的本质以及它与穿孔卡片的关系。程序，简单来说是一组指令，这组指令告诉计算机如何执行特定的任务。从本质上看，程序是一种抽象的概念，但穿孔卡片为这种抽象的概念提供了一种物理载体。通过预先设计好的孔的排列，穿孔卡片将抽象的程序转化为机器能够理解和执行的具体指令。

什么是计算机程序?

如果你带着"什么是计算机程序？"这个有趣的问题去咨询"互联网百事通"，那它会一本正经地告诉你："计算机程序是一系列按照特定顺序执行的指令集合，旨在完成特定任务或解决特定问题。"但如果你带着这个问题去询问 ChatGPT，那它会俏皮地告诉你："计算机程序，宛如一曲编码的乐章，由无数美妙、神秘的指令组成，奏响了歌颂数字 0、1 与逻辑的交响乐。"

现代计算机程序的复杂性和精细程度远超过早期的穿孔卡片。通过精巧的编码和逻辑组合，计算机能够执行无数复杂的任务和操作。

计算机程序就像一份详尽的食谱，指导计算机事无巨细地执行任务。比如，当你烹饪一道美食时，食谱会详细说明如何处理食材、何时下锅、何时调味、何时翻煎，每个步骤都被详细地记录在案。同样，计算机程序也会精确指示计算机如何处理数据、何时执行特定操作、如何管理资源等。

回顾过去的计算机，如同餐馆的大厨读不懂食谱，只能阅读一卷卷被打上孔的纸带。纸带上的孔是计算机的语言，指示着每个步骤的奥秘。早期的计算机如同初出茅庐的学徒，只能按照穿孔卡片上的指令，一步一步地完成任务。

然而，随着技术的发展，"大厨"的"烹饪技术"在不断进步。现代计算机程序用各种各样的编程语言书写，告诉计算机如何在电子世界里游刃有余。现代计算机不再依赖一卷卷纸带，而是使用各种高级语言，通过代码创造应用程序和游戏等，并且以更现代的方式加载和运行程序。

想象一下，一位大厨拿起一本现代食谱，读懂了每一个步骤，掌握了每一种调料的用法，最终烹饪出一道道美味佳肴。同样，现代计算机通过各种编程语言（如 Python、Java、C++），理解并执行程序员编写的每一行代码，从而完成复杂的任务。从操控无人机到运行大型数据库，计算机程序的强大功能使得它在各个领域无所不能。

第 17 章　程序，“懒惰”的美德

“懒惰”在这里并不是指饱食终日，无所事事，而是指程序员追求简便、高效的编程方式。这样的懒惰并非贪图安逸，而是在众多方法中选择高效、便捷的，并为此不懈努力。

回顾计算机的发展历程，最初的程序员需要直接使用机器语言（Machine Language）来操控计算机，这种语言由 0 和 1 组成，指令冗长而复杂，编写和调试都极为困难。为了简化操作，汇编语言（Assembly Language）应运而生。汇编语言仍然以机器语言为基础，但引入了助记符号代替二进制代码，虽然有所改进，但依然与自然语言在逻辑上相去甚远。

随着技术的不断进步，高级语言（High Level Language）开始出现。高级语言更贴近自然语言，例如 C 语言、Java、Python、Ruby、PHP 等。高级语言不仅让编程变得更加直观和高效，还大大降低了程序开发的难度。如今，借助高级语言，实现复杂算法已成为可能。

在这一过程中，程序员的“懒惰”发挥了至关重要的作用。正是由于程序员不断追求简便、高效的解决方案，编程语言才得以不断优化和进化。从直接操作的机器语言，到使用符号的汇编语言，再到如自然语言般简洁、易懂的高级语言，编程语言在不断向前发展。

人与机器的第一轮探索

底层汇编语言是语言与机器的首次碰撞。将指令升华成语言，催化了智力进化，开启了人机共生的新纪元。

在计算机编程的初期，程序员依靠"打孔纸带"来操控机器。然而，这种编程方式复杂且乏味，程序员难以直观地将孔的排列与具体的指令关联起来，更无法领略到算法的魅力。

随着技术的发展，一个新的工具登上了编程的舞台——汇编语言。汇编语言就像舞会上的双人舞，由程序员与计算机互相配合、共同演绎。助记符是双人舞中的每一个细微动作，隐藏着机器的真实指令。通过汇编语言，程序员无须面对枯燥的打孔纸带，而是用助记符这把"魔杖"，将复杂的机器指令编排成优美的代码。

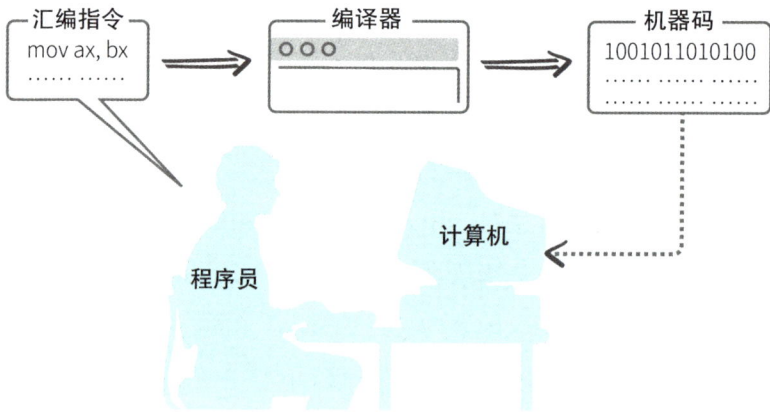

汇编语言的过程示意

汇编语言不仅简化了编程过程，也为程序员提供了更大的创作空间。他们可以在另一个世界里挥洒创意和才华，通过深入了解计算机的喜好和习惯，精心编排每一个助记符，打造流畅且高效的编程代码。这种高贵而隐秘的交流方式，让程序员得以探索计算机的潜在能力，编写出更加复杂和智能的算法，为计算机科学的发展奠定了坚实的基础。

高级别的对话

从程式化的舞步发展到现代舞步，更多抽象的可能不断展开。

机器语言和汇编语言过于冗长迂回。它们是囿于计算机的机械属性创造的编程语言，并且与硬件直接交互的方式在实际过程中逐渐暴露出局限性。人们不仅需要耗费大量时间和精力来编写和理解代码，而且早期计算机需要为其量身定制编程语言，同样的程序无法在另一台计算机上运行。为何不设计一种不依赖于计算机硬件、能够通用于不同计算机、更接近数学语言或自然语言的编程语言？这就是高级语言。

编译与解释

根据转化为机器指令的方法不同，高级语言可以分为编译型语言和解释型语言。

编译型语言（Compiled Language）将源代码编译成"计算机硬件能够直接执行的机器语言"。C 语言、C++ 等是编译型语言的代表。

解释型语言（Interpreted Language）在代码执行到相应语句时才将源代码编译成机器语言，动态地翻译和执行。Python 是解释型语言的代表。

区别何在？可以用读一本外文书来类比：编译型语言就像把翻译好的书放在你面前，可以随时翻阅，但翻译这本书需要花费很长时间；解释型语言就像身边有一位随身翻译，你只要指出哪一句、哪一段，就可以立刻翻译出来，虽然这种方式不需要耗费大量时间翻译全书，但阅读时会更费时。

两种类型的高级语言各有优劣。编译型语言每次都直接执行编译后的机器语言，速度更快，但代码在不同的平台上需要重新编译，可移植性较差；解释型语言在执行时才通过解释器编译成机器语言，同一个程序可以在不同的计算机上运行，可移植性更好，但运行速度较慢。

不同的设计思路

从编程设计思路入手，编程语言可以分为面向过程语言（Procedure-Oriented Language）和面向对象语言（Object-Oriented Language）。

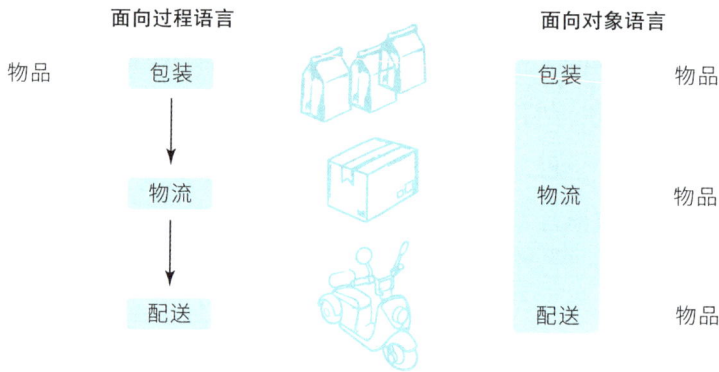

面向过程语言和面向对象语言

面向过程语言以算法为核心，依次实现每个步骤；面向对象语言则以问题中的不同对象为核心，分析对象的行为和相互作用，以实现算法设计。代码如流水，面向过程语言循序渐进，如河道般指引每一步；面向对象语言则像智者的雕琢，将每一个逻辑打磨成石，拼接出结构与思想的万象之城。

若以寄送快递为例，面向过程语言会将流程分为包装、物流、配送 3 个主要步骤，而在包装这一步中，会根据物品的尺寸和数量选择合适的包装盒，涉及测量物品、选取盒子、填充空隙、封口等；而面向对象语言有一个专门设计的工具箱，其中包含实现选择合适盒子、装箱等功能的工具，只需调用工具箱中的工具，就能完成相应工作。

面向过程语言适用于顺序性强的任务，操作流程较直观，执行效率较高，但由于函数和数据分离，代码重用性弱，不擅长处理复杂问题中的逻辑秩序。相较之下，面向对象语言的代码结构清晰，易于维护和重用，适用于解决复杂问题，但其概念较为抽象，若设计不佳，可能导致过于复杂的层次结构，增加维护难度且降低执行效率。不同编程范式各有优劣，如果说编程语言的目标是简便，那么不同情况下有不同的简便程度。

高级语言的出现，标志着编程从低层次的机器语言和汇编语言跃升到一个新的高度，使得编程不再受限于硬件，真正成为一门融合数学与语言艺术的"现代舞蹈"。

hello world 才是王道！

1972 年，C 语言诞生！C 语言的入门经典示例就是输出"hello，world"，程序如下图所示。虽然这个程序看似简单，却具有划时代的意义。许多其他编程语言教材也沿袭了这一传统，许多人学习任何编程语言所写的第一个程序，都是输出"hello，world"。

```c
#include <stdio.h>
int main() { printf("hello, world\n"); return 0; }
```

使用 C 语言输出"hello，world"

C 语言允许程序员像木匠一样自由地定制和控制每个细节，精心设计并组合架构。C 语言简洁实用、功能强大，被誉为编程界的"瑞士军刀"。它面向过程，专注于细节，要求程序员具备技巧和耐心。

C 语言不仅灵活高效，而且支持跨平台，C 语言代码可以在不同计算机上运行，就像随身携带的工具箱。C 语言的"魔法技能"是指针，它像魔法棒一样，能让你直接指向内存的某个地方，不仅高效，还能制造出各种有趣的东西。总之，C 语言简洁高效、万能实用，从操作系统到应用软件，都少不了它的身影。

进阶之 Plus Plus

扩展 C 语言，C++ 应运而生。C++（C Plus Plus）最初名为"C with Classes"（Class 是创建用户自定义类型的功能），后来更名为 C++，不仅凸显了 C 语言中的 ++ 运算符，也表示了 C++ 是 C 语言的进化。

如下图所示，C++ 像一组多功能的积木，拥有各种形状和尺寸，可根据需要进行组合和修改，但是合理地安排和组织积木需要技术和经验，否则会导致混乱。

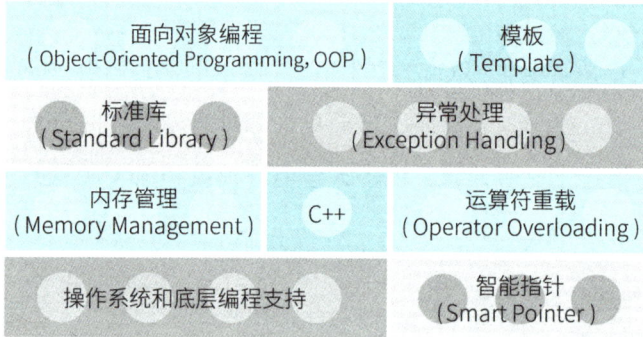

面向对象编程（Object-Oriented Programming, OOP）	模板（Template）
标准库（Standard Library）	异常处理（Exception Handling）
内存管理（Memory Management）	C++	运算符重载（Operator Overloading）
操作系统和底层编程支持	智能指针（Smart Pointer）

C++ 的一些代表性多功能和特性

C++ 支持面向对象编程，能够封装数据和功能，让代码更有条理且更易于维护。C++ 不仅支持底层的系统编程，也支持高级的抽象设计，兼具 C 语言的朴实和升级版 C 语言的巧妙功能。C++ 逐渐成为广泛应用于游戏开发、系统编程、嵌入式设备等领域的编程语言。

Java 与咖啡馆

Java 的名字在咖啡馆里诞生，指的是印度尼西亚的爪哇岛，它是世界上著名的咖啡产地之一。Java 像一杯醇厚的咖啡，让人感到舒适、可靠。Java 以面向对象编程为核心，可在不同的操作系统上运行。此外，Java 的自动内存管理机制降低了代码出错的概率，并引入了安全机制。

Java

Java 很快展现出了它的特点，就像一颗璀璨的星星。首先，Java 是支持跨平台的，这意味着你编写的 Java 代码可以在不同的操作系统上运行，就好比一件适合各种场合的万能服装。其次，Java 是面向对象的，就像搭积木一样，你可以用不同的类编写出复杂的程序。最后，Java 有自动内存管理功能，让程序员不再为内存泄漏而烦恼，它就像一位贴心的管家。

随着时间的推移，Java 像滚雪球一样越滚越"大"。1995 年，Java 正式发布，并迅速飞入了开发者的心中。之后，Java 的生态系统变得丰富多彩，涌现出各种各样的库和框架，成为一座充满活力的大城市。

而今，Java 早已成为软件开发的重要基石，从手机到服务器，从嵌入式系统到大数据处理，无处不见它的身影。Java 就像一位名副其实的明星。

在编程的世界里，Java 就像一杯充满活力的咖啡，不仅能让程序变得更加有"味道"，还能让程序员享受到编程的乐趣。无论是初级程序员还是资深程序员，Java 都会在编程旅程中，为他们点亮一盏明灯，引领他们走向创新的未来。

Python 的横空出世

巨蟒剧团之飞翔的马戏团与流畅、直观的代码之间有什么联系？

Python 的创始人以充满古怪创意和荒诞幽默的喜剧节目 *Monty Python's Flying Circus* 中的 Python 命名自己的编程语言。Python 的语法既如喜剧一般直观和易于理解，又如自然语言一样流畅、优雅、简洁。

当编程界的"蟒蛇"Python 登上舞台时，它并不是一开始就如今天这般耀眼。1989 年，荷兰工程师吉多·范罗苏姆（Guido van Rossum）创建了 Python，它起初只是一个小玩意儿。但是，Python 逐渐长大，成了一门重要的编程语言。

Python 让写代码像和计算机对话一般自然。作为开源语言，Python 的使用者可以自由地发布软件的副本、阅读源代码、进行改动，并将其中一部分用于新的自由软件中。

Python 就像编程界的一剂解药，简洁、优雅，是程序员的精致工具箱。Python 通过缩进来组织代码，让一切变得清晰明了。与其他编程语言相比，Python 的学习曲线就像是滑坡上的溜滑梯。Python 有一个超级大的社区，像是程序员的聚会地，随时都有人愿意帮助你解决问题。

Python 特别注重可读性。当你回头看以前写的代码时，你会轻松地知晓当初是怎么一步步编写的。

Python 的兼容性很好，它不仅可以在各种操作系统上运行，还能和其他编程语言愉快地玩耍，像是编程界的联谊。这就是为什么 Python 成为众多领域的宠儿。从 Web 开发、数据科学，到人工智能，Python 无处不在，像是编程界的万能钥匙。

所以，无论你是刚刚踏入编程的新手，还是"老鸟"，Python 都会是你的好伙伴。Python 的发展历程就像一部精彩的冒险小说，而它的生态像充满生机的繁茂雨林，等待着你去探索和创造。

编程语言正在逐渐地傻瓜化。Python 的终极目标可能是成为自然语言的一部分，从而使人们可以和机器自由地交流。

高级语言使人们可以更得心应手地设计程序，让计算机完成更复杂的任务，它们就像魔法师手中的法杖，能放大法术的威力，创造不可思议的奇迹，比如，软件。

第18章　超越危机

井喷式的编程语言的爆发，必然会带来一定的危机。规范化和标准化，才是必由之路。

在计算机的历史上，程序员经历了从手动编码到自动化编程的飞跃。然而，伴随这一飞跃的是软件开发过程中出现各种问题，这些问题在20世纪60年代和20世纪70年代的"软件危机"中尤为明显。这个时期的危机不仅揭示了技术上的短板，也推动了软件工程的规范化和标准化。

一千多万美元的连字符

1962年，美国发射的飞往金星的水手1号（Mariner 1）探测器由于计算机指令错误而偏离轨道，惊慌失措的NASA发出了自毁指令。后来查明，这一失误的原因是计算机指令中缺少一个连字符。这是一个代价高昂的错误，导致损失超过1800万美元（1962年币值）。

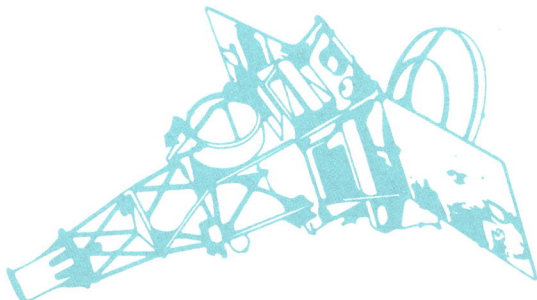

水手1号探测器

水手 1 号探测器的自毁只是软件危机的冰山一角。北大西洋公约组织（North Atlantic Treaty Organization，NATO）于 1968 在会议上首次提出"软件工程"的概念，提出软件开发类似于传统工程学科，同样需要系统化、规范化和工程化，而且规范软件开发流程和软件系统生态迫在眉睫。

数字宇宙的跃迁

软件推动了数字化进程，数字宇宙逐渐形成，并且软件在当下变得更加重要。

从最初的机械设备到程序语言的兴起，再到操作系统的交互，软件的发展越来越复杂而立体。20 世纪 80 年代人们开启了个人计算机时代，随后进入了互联网时代，在 21 世纪迈入人工智能时代，新一轮智能革命由此开始。

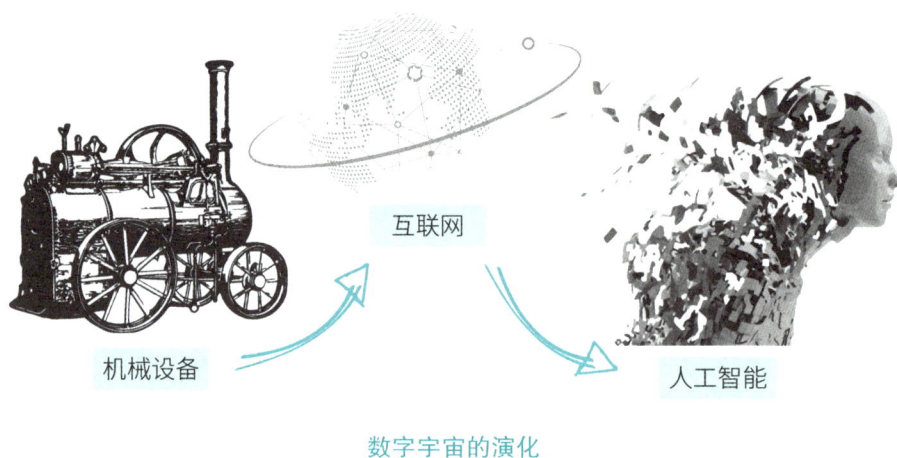

互联网

机械设备

人工智能

数字宇宙的演化

图灵在 1950 年发表了经典论文《计算机器与智能》（*Computing Machinery and Intelligence*）。论文开篇提出了一个问题，"机器能够思考吗？"或者以模仿游戏的形式来描述，人能否分辨自己在和人还是和计算机对话？图灵认为，要实现通过计算机模拟人类的智能，要赋予计算机孩子般的好奇心，而且要让其智能进化。

机器 ≠ 人

机器能思考吗？

虽然图灵在非哲学和神学的语境中将人类与计算机进行类比，探讨计算机是否能够表现出智能行为，但是他的问题直指思考和意识的本质。他预见到了可能遇到的反驳——思考来自人类灵魂，灵魂来自上帝；机器有思维会令人感到恐惧；机器能完成许多事情，但是不可能完成某些事情；机器是确定的，不会出错，思维的关键来自不确定性；机器按照预设的规则运行，人类总在未知中探索……

"潜艇能游泳吗？"——这是语言学家、认知科学家阿夫拉姆·诺姆·乔姆斯基（Avram Noam Chomsky）对于机器能否思考的问题的回应。如果非要以人类的思维来定义何为思维，其实并没有讨论的意义。机器的思考若表现得像人类的思维，机器就是人工智能。

鸟飞派之陨落

机器如何思考？

1956 年夏，一群年轻的学者在达特茅斯学院召开了"达特茅斯夏季人工智能研究会议"，下图所示为人工智能研究会议的 5 位原始参与者。这是一张具有历史意义的照片。会议持续了一个暑期，倒不是因为成果丰硕，需要报告和讨论，而是因为问题比成果更多。这是头脑风暴式的开放会议，大家面对尚未解决也不知将走向何处的大问题，将计算机科学、心理学、神经学和逻辑学等其他学科的研究联系在一起，探讨逻辑推理、归纳学习、语言理解和模拟人类思维等。参加会议的 10 个人大多数当时并未成名，后来都成为泰斗级人物，开辟了不同的研究方向。

"达特茅斯夏季人工智能研究会议"的原始参与者

对于人工智能，传统的研究方法是先了解人类如何思考，再让计算机模仿人类思考。正如人类想要飞翔，最初总是把鸟类的羽毛绑在胳膊上，然而"鸟飞派"并未成功，帮助人类实现飞翔目的的并非仿生学，而是空气动力学。新的方向不再执着于让机器像人类一样，更重要的是让机器解决依靠人类思考所能解决的问题，至于机器如何达到这个目的，并非关键。

20 世纪 70 年代，通信专家弗雷德·杰利内克（Fred Jelinek）在负责语音识别的项目时，把语音识别问题当作通信问题，而非传统的人工智能问题。换言之，他并未专注于研究语言的发音特点和听觉特征，他的解决之道是统计，以大量的数据为基础。以数据驱动的优点在于，语音识别的结果会随着数据的积累越来越好、越来越稳定。他成功地将语音识别成功的概率从 70% 提高到 90%，虽然方法仍有争议，但机器翻译、图像识别等领域都开始尝试数据驱动。当 2005 年第一次参加机器翻译竞赛的谷歌公司通过成千上万的数据打败所有其他团队时，传统方法的落后已大白于天下。

不可思议的永生科技

人类能永生吗？计算机能做到这一点吗？

人类生命的延续是整体而非个体的延续，我们的祖先早已湮没在历史之中。与此同时，永生科技的概念引起了广泛关注。永生科技涵盖从虚拟永生、机器永生到生物永生的多个方面，这些技术可能在不久的将来改变我们对生命和死亡的理解。

计算机科学家似乎成为弗兰肯斯坦（Frankenstein），创造出了人造生命。我们身处科幻小说的开篇，对这个故事的走向争论不休。

虚拟永生

虚拟永生是指通过数字技术实现个体在虚拟环境中的延续。这个概念最早可以追溯到科幻作品中，但随着技术的发展，虚拟永生正在变为现实。例如，通过记录和分析一个人的言行、社交媒体互动、写作风格和思维模式，人工智能可以创建一个数字化的"替身"。这个"替身"能够在虚拟环境中继续与他人互动，甚至在某种程度上保留原个体的思维和行为特征。

Facebook 的纪念账户功能及 Replika 这样的人工智能聊天机器人，都体现了虚拟永生的初步应用。未来，这种技术可能会进一步发展，使得人们可以通过虚拟现实技术与逝去的亲人进行互动，创造出一种新的纪念方式。

机器永生

机器永生是指通过将人类意识上传到计算机或机器人中，实现个体的永生。这个概念由科幻作家雷·库兹韦尔（Ray Kurzweil）提出，并在著作《奇点临近》中进行了详细介绍。库兹韦尔认为，随着技术的进步，我们能够将人类大脑的所有信息，包括记忆、情感和思维模式，转移到一个永远运行的计算机系统中，从而实现"数字永生"。

尽管目前这一技术尚未完全实现，但已有一些研究朝着这一方向迈进。例如，蓝脑计划（Blue Brain Project）致力于通过计算机模拟人类大脑，解码其复杂的神经网络。如果这一项目取得突破，未来我们可能会看到人类意识被成功地转移到计算机中，使得个体在数字世界中永生。

生物永生

生物永生是指通过生物技术延长人类寿命，甚至实现个体的永生。生物永生领域的研究包括基因编辑、再生医学和抗衰老药物等。例如，CRISPR-Cas9技术使得科学家能够精确地编辑 DNA 序列，从而修复遗传缺陷或增强抗病能力；再生医学则致力于通过干细胞技术修复或再生受损的组织和器官。

另一个引人注目的研究是抗衰老药物研究。科学家发现了一些能够延缓衰老过程的物质，如雷帕霉素和 NAD+ 前体物质，这些物质在动物实验中显示出了延长寿命的潜力。此外，一些研究还表明，通过控制饮食和改善生活方式，也可以显著延长寿命。

在不久的将来，生物永生可能会通过多种方式实现。人们不仅可以通过基因编辑技术预防和治疗各种疾病，还可以通过再生医学技术替换老化的组织和器官，从而保持身体的健康和活力。

未来，随着人工智能、大数据和生物技术的进一步发展，我们可能会看到这些技术的融合，创造出前所未有的永生科技。无论是通过数字化的方式延续个体的记忆和思想，还是通过生物技术延长寿命，永生科技都将对人类社会产生深远的影响。

第六部分

硬件的换代：从算盘到芯片

从算盘到芯片，是一段辉煌的历史，也是技术和人类创造力的奇迹。

这一切的源头只是毫不起眼的珠子。从古代算盘上灵巧滑动的珠子开始，计算的种子在古老的数学殿堂中悄然萌发。

随着时间的推移，我们进入了机械时代，亲身见证了巴贝奇分析机——仿佛一座由齿轮和杠杆构成的智慧殿堂。

电子管的发明进一步推动了计算技术的发展，促使第一代计算机诞生。ENIAC作为这一时代的代表，充满了令人难以置信的电子嗡鸣声和火花跳动。

晶体管的崛起引发了一场技术革命，第二代计算机由此诞生。晶体管无声地工作，计算速度和可靠性极大地提升，科学、商业和工程领域的发展受益匪浅。

集成电路的引入催生了第三代计算机，而单芯片微处理器的诞生又开启了第四代计算机时代——体积更小、性能更强，也为随后的个人计算机革命奠定了基础，旋即席卷全球。

从算盘到芯片，这段辉煌的历史中，每一个发明、每一次突破都是无数智慧和汗水的结晶。这不仅是一段技术演变的故事，更是一部人类不懈追求知识和创新的史诗。

故事远没有结束，随着芯片技术的发展，现代计算机呈现出多样性：从超级计算机，再到我们手中的智能手机，计算机无处不在。量子计算机和神经形态计算机正在崭露头角，预示着计算机技术的又一场变革。

巴贝奇分析机　　第一个晶体管复制品　　集成电路

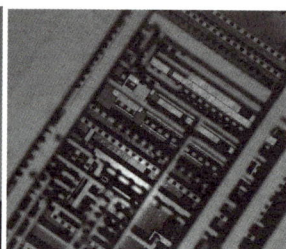

巴贝奇分析机、晶体管和集成电路

第 19 章　机械计算的起源

早在我们熟知的机械时代，计算与机械已经强强联合。这是一个非常漂亮的"借助"的技巧。

重温古老的算盘

6.1　算盘

看似简单的成熟智慧。

算盘的起源

算盘的原型可能是珠子或者石头，用来记录数字和计算简单的数学题。古希腊、古罗马、古埃及和我国都有使用算盘、算板或类似的计算工具的记载。

不过，其中最有名、使用范围最广的可能是我国的算盘。大约公元前 2 世纪，算盘开始登上历史舞台。算盘整体上是个木质框架，其中附有许多算珠，通过挪动这些算珠的位置来代表数字和完成各种计算。算盘简单、实用，迅速流行开来，并成为商业、科学研究及日常生活中不可或缺的工具，甚至被李约瑟（Needham）誉为"第五大发明"。

在中世纪和文艺复兴时期，欧洲也出现了类似算盘的计算工具。然而伴随计算机的兴起，算盘渐渐被更先进的科技替代。虽然算盘在现代科技面前显得陈旧，但它在推动数学和科学发展上功不可没。

算盘的使用

算盘这种古老但实用的工具是如何运作的呢？

在类似棋盘的框架上，有一堆算珠。它们忙碌地来回移动，执行着数学运算。

组成结构。 算盘通常呈长方形，四边为"框"，中间的一根横木为"梁"，一根根穿过梁的细棍为"档"，串在档上的圆珠为"算珠"。

算珠的意义。 算珠表示数字。一般情况下，梁上算珠向下拨一算珠表示 5，梁下算珠向上拨一算珠表示 1。从右至左每档依次从小至大表示位数，如下图中右边第一档表示个位，往左依次表示十位、百位、千位等。因此，图中的算珠表示数字 2630。

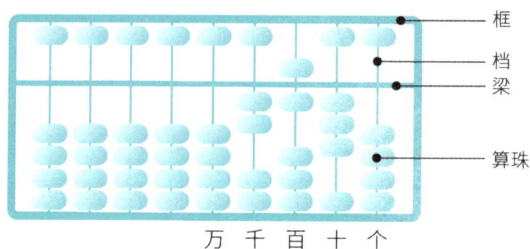

算盘的结构

进位和借位。 拨动算珠可实现计算中的进位和借位。后图所示为 4+1 和 9+1 的进位计算及 101−2 的借位计算。

进行计算。 要进行计算，需要将算珠按照需要的数字排列在相应档上。然后通过移动算珠，模拟加法、减法、乘法和除法等基本运算。

记录结果。 计算完成后，读取每个档上的算珠数量，从而获得计算结果。在需要进行多步计算时，用户可以将中间结果保留在算盘上，以便后续使用。

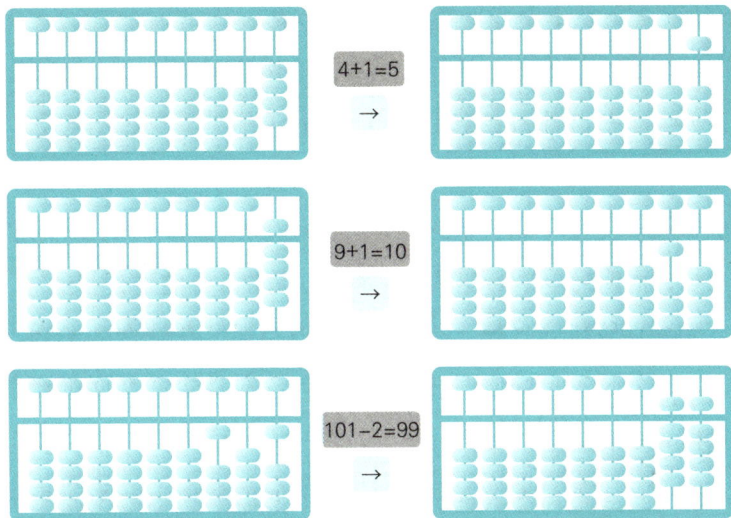

4+1=5 →

9+1=10 →

101-2=99 →

进位与借位计算

　　要自如地用算盘算数，需要总结经验和方法。我国的古人归纳了珠算口诀，熟记之后就能自如地进行四则运算，甚至能够开方。

　　算盘在漫长计算史中占据了重要地位，把抽象的数字转换为可见、可触的数字。虽然算盘已经不再是主流的数学计算工具，但算盘包含的科学和机械化思想延续至今。

巧妙的计算尺

　　计算尺像是原始版的计算器，主要由 3 个互相锁定的有刻度的长条和 1 个游标（滑动窗口）构成，可以进行加、减、乘、除运算，如下图所示。更加复杂的计算尺还可以进行平方根、指数、对数和三角函数运算。

　　17 世纪的工程师们围坐在书桌旁，手中握着计算尺，轻轻一推，复杂的计算便迎刃而解。在这些工程师的眼中，计算尺不仅是一堆刻度与数字的简单组合，更是精密思想的延伸。计算尺在他们手中流畅滑动，不禁让人联想到钟表匠手中精密齿轮的运转，一丝不苟而又富有节奏。

在第二次世界大战期间，计算尺被广泛应用于军事领域，成为飞行员们不可或缺的工具。设想战斗机在空中翱翔，飞行员凭借手中的计算尺，在轰鸣的引擎声中计算航线、油耗、弹道轨迹。他们与计算尺共同穿越云层，这不仅是飞行技巧的展现，更是一场智慧的飞行。在高空中，每一个结果都可能意味着生与死的抉择，而简简单单的计算尺，承载着无数战士的生存希望。

然而，随着计算机的兴起，计算尺这位曾经不可或缺的"智者"逐渐退出了历史舞台。尽管计算尺的使用已成往事，但它在科技史中的身影不可磨灭。计算尺是那段人类智慧迈向现代计算的过渡时光的象征，仿佛在提醒我们每一次技术的革新背后，都是人类智慧的积累和时间的雕刻。今天，我们回望计算尺的辉煌，是追忆一个划时代的工具，更是致敬它在推动人类计算技术进步中的不朽贡献。

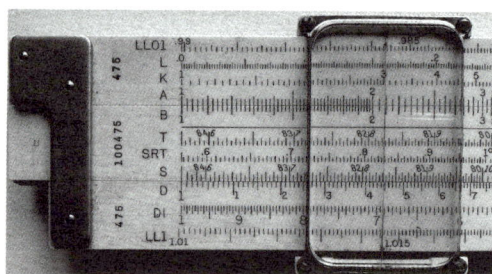

计算尺

齿轮依旧在转

加法机（Adding Machine），顾名思义就是专门负责把数字相加（以及对应的相减）的机器。加法是重要的运算。加法机可以将复杂的运算拆解成一系列的加法运算。

加法机有一系列旋转齿轮，通过设置齿轮的位置来表示数字，手动旋转这些齿轮，它就会精准地算出答案。

　　和手动运算相比，加法机的运算速度和精度提升了好几倍。对于商业和会计领域，轻松而又高效的运算工具不可或缺。

加法机

　　随着现代计算机的崛起，各类运算工具渐渐淡出计算的舞台。但这些运算工具的价值不可小觑，它们在漫长的技术历史中留下了令人难以磨灭的记忆。

第20章 可编程计算机

纸带作为早期计算机的输入方式，效率低而且操作烦琐。因此，人们开始探索更高效的方式，用简单可理解的语言与计算机交互。于是，可编程计算机应运而生。从巴贝奇分析机，到 Kenbak-1，可编程计算机经历了多次重大革新，如下图所示。

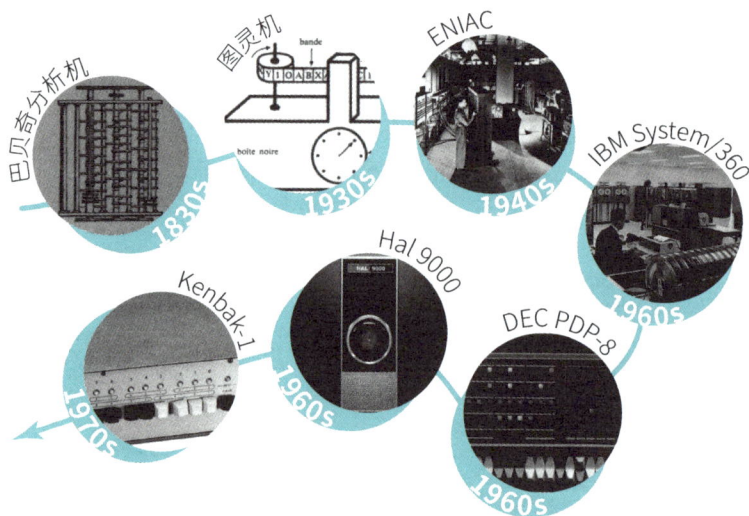

早期代表性计算机

巴贝奇的独特嗅觉

说到计算机的先驱，就要追溯到查尔斯·巴贝奇（Charles Babbage，1791—1871）。巴贝奇是在运筹学和精算科学领域颇有成就的英国发明家，他不仅改革了英国邮政系统，还首次提出了数字可编程计算机的概念。

巴贝奇差分机

1822 年，巴贝奇指出，人工数字表格经常出错，而这些错误对于海上的船员而言性命攸关。巴贝奇主张用机器来制作这些表格，以提高准确性，减少人为错误。

为了实现这个想法，巴贝奇寻求英国皇家天文学会的支持，然后向英国政府寻求资助，研发了差分机。这是世界上最早的政府资助研究和技术发展的项目之一。

差分机不是普通的计算器。它用的是离散的十进制数字，而不是连续的数字，这些数字通过齿轮的位置来表示。当一个齿轮从 9 转到 0 时，它就会携着数字继续"走"，让下一个齿轮前进一个位置。

更重要的是，差分机解决了复杂问题中涉及多个变量的难题，把一系列计算都机械化了。而且差分机和现代计算机一样具有存储功能，更令人称奇的是，它不仅可以把输出刻印到软金属里，还能用于制作印刷版。

巴贝奇分析机

1833 年注定是不平凡的一年。

天赋异禀的巴贝奇在研究差分机的同时已经开始构想如何改进它。1833年，差分机的研究资金耗尽，而巴贝奇已经构想出了更加具有革命性的计算工具——名为"分析机"的通用计算机。

分析机比以往的计算机要复杂得多，它可容纳 1000 个 50 位数，这一超前设计的理论存储容量（折合 17KB）不仅远超同时代计算装置数个量级，甚至超越了 20 世纪中叶第一代电子管计算机的典型存储能力，并且它是用蒸汽驱动的而不是电力驱动的，还拥有打印功能。

分析机之所以更加先进是因为它有读卡器，数据和指令通过提花织机的读卡器输入卡片，这就意味着它像今天的计算机一样，是可以编程的设备。这个功能让分析机比 20 世纪早期的许多计算机都更加灵活和强大。

巴贝奇计算机

按今天的理解来看，分析机是一台真正的计算机。根据当时的技术，实现雄心勃勃的设计不合实际。尽管如此，巴贝奇分析机是独一无二的创新。分析机具有革命性的特点，通过更改穿孔卡片上的指令来改变操作方式。在这一突破之前，所有与计算有关的机械辅助工具是计算器或者像差分机一样升级版的计算器。虽然分析机仍然停留在理论阶段，但许多人不吝赞美之词，将之作为计算机溯源的起点。

与分析机一样，图灵机也是理论上的数学模型，而非真正意义上的机器，但它为数字计算机的发展奠定了坚实的基础。

突破！ENIAC

ENIAC！这是一个和太阳一样璀璨，所有学计算机的人都致敬的名字！ENIAC 是世界上第一台可编程的通用电子数字计算机。它由美国物理学家约翰·莫克利（John Mauchly）和美国工程师约翰·普雷斯珀·埃克特（John.Presper Eckert）于 1946 年在宾夕法尼亚大学摩尔电气工程学院研制成功。

ENIAC 是个庞然大物。究竟有多大呢？它占据了摩尔电气工程学院 $15 \times 9 \text{ m}^2$ 的地下室，以 U 形沿着 3 面墙排列着 40 块面板。每块面板的长宽高大约是 0.6 m、0.6 m 和 2.4 m。同时，它拥有超过 17000 个真空管、70000 个电阻器、10000 个电容器、6000 个开关和 1500 个继电器，可以说是当时最复杂的电子系统，就像一座充满了各种电子元件的庞大电子迷宫。

尽管 ENIAC 最初的设计目的是用于计算炮兵射程表的数值，而非通用计算，但它是当时最强大的计算设备，可以根据数据的值执行不同的指令或者改变指令的执行顺序，先进程度在当时无出其右。

想想当年的 ENIAC，再想想现在的计算机、手机等，技术的突破不可想象。谁能想象当年的庞然大物如今走进千家万户，而且正在推动人类文明一步步地蓬勃发展。

ENIAC 的出现，直接改变了"计算"的轨道。几乎所有的计算问题，都慢慢地抽象化、数字化，进而转变为用算力破解的简单模式。

其余一大波计算机在路上

ENIAC 只是井喷时代的一个缩影。更多的、来不及、数不清的东西，扑面而来。

IBM 来了

虽然 ENIAC 功能强大，但毕竟是服务于军方的巨型计算机，深藏在研究机构的深墙之中。

IBM 于 1964 年推出的 OS/360 是第一个试图在不同类型的硬件上实现通用性的操作系统，也是最早的商用操作系统之一。IBM 选择"360"这个名称有其独到之处。360° 代表一个完整的圆，象征着单一操作系统可以支持所有计算机，传达了对于通用性和全面性的期许。

迷你计算机

PDP-8 是由美国数字设备公司（Digital Equipment Corporation，DEC）于 1965 年推出的系列 12 位迷你计算机，凭借体积小、耗电少和价格优势成为在商业上取得成功的第一台迷你计算机。PDP-8 采用二极管 – 晶体管逻辑（封装在翻转芯片卡上），机器的大小接近小型家用冰箱，开启了迷你计算机的时代。

个人计算机

Kenbak-1 被美国计算机历史博物馆及美国计算机博物馆认为是世界上第一台个人计算机。它由肯巴克公司的约翰·布兰肯贝克（John Blankenbaker）设计，于 1971 年开始出售，总共销售了 40 台。可惜的是，到了 1973 年，肯巴克公司运营不善，Kenbak-1 因此停产。

Kenbak-1 的特殊之处，在于它在第一款微处理器出现之前就诞生了。它没有像现在的中央处理器（Central Processing Unit，CPU）那样的单芯片处理器，全靠一堆小规模集成的晶体管 – 晶体管逻辑（Transistor-Transistor Logic，TTL）芯片来支撑。其内存只有 256 B，用的是英特尔的 1404A 型硅门 MOS 移位寄存器。虽然在今天看来，这一款计算机的计算能力十分有限，但仍然具有划时代的意义。

第21章 下一站，设备

就计算的发展而言，计算机步入历史舞台，设备的革新起到了很大的作用。

停，长出新"大脑"

芯片是前沿尖端技术的重要支撑。它的目标是模仿人类大脑神经网络的结构和功能，通过集成电路完成各种复杂的计算任务。这相当有挑战性，把生物学里神经元和突触的概念引入了计算机硬件设计，让计算机能够像人脑一样处理信息和学习。

也就是说，计算机不再只是按照程序执行任务，而是像人类一样，有了学习能力；不再只是机械地处理信息，而是不停地思考、理解和适应环境。这何尝不是让科幻小说里的情节成为现实呢？

芯片的运行原理跟人类的神经网络尤其相似，其中布满了"神经元"和"突触"。通过调整"突触"的权重，芯片就能模拟出学习和记忆的过程。这种仿生神经网络让芯片在处理繁重任务时，效率和适应性都极高。比如，在图像识别、自然语言处理和医疗诊断等领域，芯片能快速、准确地解决问题。

芯片技术在很多领域都有巨大的潜力，可以用来提升医疗诊断水平，改进自动驾驶系统，还能帮助工业实现自动化，自然语言处理类任务也不在话下。芯片因计算能力高，能源消耗低，是处理复杂任务的完美选择。

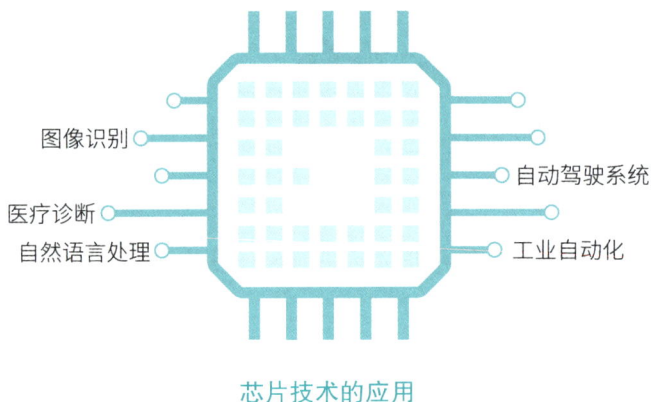

图像识别
医疗诊断
自然语言处理
自动驾驶系统
工业自动化

芯片技术的应用

但话说回来，芯片也面临不少挑战，比如硬件设计的复杂性和对计算资源的需求。此外，芯片的发展也引发了人们对伦理问题和社会问题的关注。随着人工智能在各领域广泛运用，在技术发展、个人隐私和道德标准之间取得平衡变得愈发重要。

CPU 与 GPU，咱俩分工

在计算机世界里，CPU 和 GPU（Graphics Processing Unit，图形处理单元）是一对不可分割的超级搭档。我们可以将 CPU 比作计算机的大脑，负责协调一切日常事务——从打字、打开文件到运行应用程序。而 GPU 更像是计算机的双手，擅长处理图形、渲染视频、运行游戏，让屏幕上呈现出绚丽的画面。两者分工明确，通力合作，共同驱动着计算机高效运行。

CPU

CPU 是计算机的"万能指挥官"，统筹全局，掌控各种复杂的运算和控制任务。CPU 好比能工巧匠，既能处理数学运算，也能指挥逻辑控制，还能管理数据流动。CPU 通常拥有多个核心，每个核心就像是团队中的成员，齐心协力完成任务，提升整体效率。

CPU 擅长处理按部就班、依次进行的任务，因此在运行操作系统、管理单线程应用程序时表现尤为出色。它与操作系统和应用程序密切合作，确保每个任务都井然有序地完成。

GPU

最初，GPU 的使命是负责呈现出色的图像效果——让屏幕上的画面更加细腻、生动。然而，随着科技的发展，GPU 的"隐藏技能" 逐渐被发掘：它拥有惊人的并行计算能力！现代的 GPU 内部布满了成百上千个小型核心，仿佛一支强大的军队，能够同时处理海量任务。

当涉及大数据处理、图像渲染、科学计算和机器学习时，GPU 简直是"并行计算的王者"。它在图像处理和深度学习等领域表现得游刃有余，能够轻松应对计算密集型任务。

摩尔定律也颤抖

自从杰克·基尔比（Jack Kilby）和罗伯特·诺伊斯（Robert Noyce）在 20 世纪 50 年代末创造了芯片后，芯片取得了飞速进步，尺寸、速度和容量都有了质的飞跃。科技的不断演进让同样大小的芯片上能塞进越来越多的晶体管。就拿现代的芯片来说，在人类指甲大小的区域内就能塞进数十亿个晶体管，简直就是迷你宇宙。

这些进步可不是无序的，它契合摩尔定律。摩尔定律是由英特尔 (Intel) 创始人之一戈登·摩尔 (Gordon Moore) 提出来的。其内容为：当价格不变时，集成电路上可容纳的晶体管数目，约每隔 18 个月便会增加一倍，性能也将提升一倍。换言之，每一美元所能买到的电脑性能，将每隔 18 个月翻两倍以上。当然，随着技术的发展，18 个月的理论已经不是每次都适用，并且还在持续变化。

今天的芯片拥有了比 20 世纪 70 年代早期的芯片更大的容量和更快的速度。如果告诉当时的人们如今的芯片有多强大，他们肯定会瞠目结舌。那么如今的芯片具体是怎么样的呢？

各种芯片

通用芯片

通用芯片（General–Purpose Chip）是一种通用性强的芯片，被设计用来执行各种各样的计算任务和数据处理操作。通用芯片广泛运用于各种电子设备和计算机，其设计初衷是通用性和多功能性。

专用芯片

专用芯片（Special–Purpose Chip）是量身定制的芯片，是专门为特定任务或应用程序设计的，是为特殊任务量身打造的。因为设计的初衷就是在执行特定任务时提供最优的性能和能效，因此专用芯片并不像通用芯片那样通用性强。

存储芯片

存储芯片（Memory Chip）是电子设备和计算机的记忆枢纽，是专门用来保存和检索数据的集成电路芯片，是设备的记事本。

存储包括随机存储器（Random Access Memory，RAM）和只读存储器（Read-Only Memory，ROM）等类型。RAM 用于临时存储正在运行的程序和数据，而 ROM 通常包含固定的程序或数据，如计算机的引导程序。

组件的秘密

下面让我们来介绍一下计算机的组件。它们各司其职，确保设备顺畅运行。

控制单元（Control Unit）就像计算机的指挥官，负责指挥整个操作系统，执行各种任务，比如解释指令、协调硬件间的数据传输，保证一切都在正确的轨道上运行。

互连单元（Interconnect Unit）负责管理和维护各种数据在硬件间的快速传输，就像是给硬件们连通电话线路，确保大家能够有效沟通。

供电单元（Power Supply Unit）的任务是变压变频，给其他组件提供适量的电力。

当然，还有其他组件，比如存储设备（如硬盘驱动器、光盘驱动器）——计算机的记忆库；输入输出接口（如网卡、USB 端口）——保证信息来去自如的门卫；冷却系统（如风扇、散热器）——保证"凉爽"工作环境的后勤队伍。总而言之，这些组件就像是一个团队，各自有不同的任务，齐心协力让整个系统运转如流。

五花八门的计算

计算的发展，早已超越了简单的加、减、乘、除，今天，它已深入每个领域，分化出了无数形态。这不仅是技术的进步，还是社会变迁的缩影。每一个计算领域的崛起，都在悄然改变着我们的生活、工作，甚至生存方式。

城市计算：钢铁森林里的数据流

城市计算，听起来似乎遥不可及，实际上，它就在你每天的生活中。交通拥堵、空气污染、能源利用等看似日常的问题，背后都有无数的数据在运转。城市变得像一台巨大的计算机，地铁、公交、红绿灯，甚至空气中的每一颗微粒，都是这台计算机中的一部分。

你站在十字路口，红绿灯规律地变化，这是偶然吗？不，这背后是一套复杂的计算系统在实时调度。智能交通系统通过分析交通摄像头、GPS 数据，预测交通流量，并自动调整红绿灯周期。每一次的红绿灯变换，都是一场看不见的"计算战争"。你可能没意识到，这座钢铁森林的秩序，既由人类掌控，也由计算机协力维持。

情感计算：冷冰冰的机器里有着伪装的"人性"

情感计算听起来有些荒谬——计算机怎么可能懂得人类的情感。但事实是，计算机已经开始学习模仿人类的情绪。智能客服、智能语音助手等不仅能回答问题，还能根据你的语气判断你是否愤怒、沮丧，甚至为你提供所谓的"情感支持"。

你和这些冰冷的机器对话，感到被理解、被关怀。可你有没有想过，这种"情感"不过是程序预设的结果？计算机不懂得你真正的感受，它只是在合适的时刻给出正确的回应。情感计算的背后隐藏的是对人类情感的机械化理解，是对个体情感的商品化操作。你以为自己和技术的关系变得更亲密，实际上，你只不过是落入了技术的"陷阱"。

可视计算：视觉的霸权

可视计算看似复杂，其实它早已渗透进我们的生活。图像处理、VR、AR，它们共同改变了我们对"真实"的感知。你戴上 VR 眼镜，瞬间被带入了一个虚拟世界；你看电影中的特效，仿佛置身于科幻场景。这一切看似是视觉上的享受，实际上，可视计算正在重新塑造你的感知方式。

今天的计算，不再局限于数字，它开始支配你的视觉、听觉，甚至思维。AR 带来的虚拟信息，正成为你生活中的一部分。真实和虚拟的界限正在消失。你以为这是技术的进步，实际上，技术是在挑战你对现实的认知。

类脑计算：模仿人的大脑，控制人的思想？

类脑计算听上去令人不安。计算机通过模仿人类大脑的结构和功能，试图达到所谓的"智能"。今天的计算机，不再是仅用于进行简单的加、减、乘、除，它已经开始模仿人脑，试图通过深度学习、神经网络模型，超越人类的智慧。

这是一场科技的盛宴，但也伴随着对人类认知边界的挑战。类脑计算的核心在于理解和模仿人类的思维，从而提升计算机的智能化程度。每一个神经形态芯片的运转，都是在模仿大脑的工作方式，以应对复杂的计算任务。机器学习和深度学习，正改变我们的工作方式，有助于提升效率，但也可能取代一些传统劳动。科技正在进步，也在深刻影响我们的思维模式和决策方式。

第七部分

追求的改变：从准确到速度

长期以来，计算的复杂性如同一座巍峨的山峰，静静矗立在人类探索视野的尽头。早期，我们手握精密的仪器，掌握完整的算法，仿佛已拥有攀登这座山峰的全部条件。然而，当我们凝视那遥不可及的顶点时，仍然感到无力与渺小，无法在精准的计算中达到完美。

岁月的流逝带来了变化。当我们终于站在山峰之巅，俯瞰那些曾经艰难跋涉的路径时，新的挑战悄然而至——尽管我们可以精确地计算，但速度的瓶颈让我们在现代社会的洪流中再次感到无助。

计算，这一古老而又崭新的领域，总在速度与精度之间寻找平衡。计算如同一条蜿蜒的河流，分支为两条主流——算力与算法。在计算的初期，我们执着于计算的准确性，仿佛每一座山峰的征服都在于精度的提升。然而，当我们翻越了一个又一个的山峰后，新的难题扑面而来——速度。

这个难题如同数据爆炸式增长的洪流，席卷而来，使得我们在精确计算之余，越来越无法满足快速计算的需求。在当下，这一问题尤为突出。

本部分将深入从"无法精确计算"到"无法快速计算"的转变。人类在面对计算速度的挑战时，必将找到那条通向未来的光明之路。

第22章 越来越"准确"

人类对计算的追求，仿佛是一场横跨千年的旅程。而在这段旅程的早期，人类在不断追求准确性，这也是生产生活的要求。这段旅程充满了令人神往的故事。譬如，对圆周率的计算，贯穿了几千年的文明进程，仿佛古老文明之间的握手与对话。

数字的"准确"？

数字的准确性源于表达的精准——代表着人类不断追求理解与表达世界的精细方式。最初，数字的使用只局限于整数，例如简单的"1"代表一块完整的面包。然而，现实世界中的情况更复杂，面包缺了一角，如何准确描述它？这时，分数如 $\frac{4}{5}$ 或小数如 0.8 便应运而生，如下图所示。这推动了数学符号的不断演进，使人类从整数迈向了分数、无理数、虚数等更复杂的概念世界。

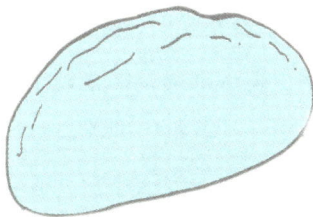

"1"
一块完整的面包

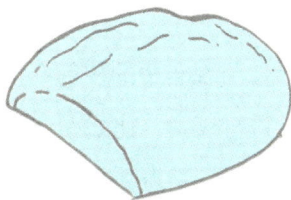

"$\frac{4}{5}$" "0.8"
面包缺了一角

数字的精准表达

分数的引入解决了"部分"的表达问题，而无理数的发现，则将数学带入了更加神秘的领域。像$\sqrt{2}$、π等无理数，它们是无法通过分数精确表达的，却是数学中至关重要的常数，描述着圆的直角三角形边长的关系、周长与直径的比例等。无理数使得数学对世界的描述更加精确，也揭示了现实世界中一些无法完全精确表达的现象。

但人类的追求并未止步于此。18世纪，虚数的引入使得数学家们可以处理负数的平方根问题。虽然虚数看似与现实世界无关，但它们在电路分析、量子力学等现代科学领域中发挥着至关重要的作用。虚数的准确表达使得我们可以更精确地描述复杂波动现象和电磁场变化。

尽管人类发明了各种符号来尽可能精确地描述现实，但数字表达的准确性在实际应用中仍然受到许多限制。在科学计算和工程应用中，我们往往依赖近似值，而无法使用无限精度的数字。例如，在计算π时，我们只能使用有限位的近似值——常用的3.14159就足够用于大部分工程计算，但在一些极高精度的天文学计算或量子物理中，需要使用数百位甚至数千位的精度来保证计算结果的准确性。

这种对精度的追求带来了对计算能力的挑战。例如，现代计算机虽然可以进行高速的运算，但它们存储与处理的数字都是有限精度的，这就意味着所有的数字计算都会不可避免地带来一些舍入误差。高精度计算成为计算科学中的一大领域，许多算法和方法被设计出来，用于试图尽可能减小误差累积对计算结果的影响。

数字的近似与现实中的权衡。虽然数学上追求准确，但在现实世界中，很多时候我们必须进行权衡。比如在工程和科学中，计算机中的浮点数计算往往会出现精度丢失的问题。浮点数是一种用于在有限位数下表示非常大或非常小数值的表示方法，但它并不总是能够准确表达所有的数字。例如，当我们处理大量数据时，计算机只能表示有限的精度，这意味着某些小数部分会被舍入或忽略。

在现实世界中，过分追求"数字的准确性"有时反而会带来效率的损失。为了平衡精度和效率，工程师们必须确定一个合适的精度阈值。例如，NASA

火箭发射的精度在一些领域需要达到微米级，而在另一些领域只需要达到厘米级即可。这种精度的灵活调整，既能保证计算的速度，又能确保结果在实际应用中足够准确。

数字看似简单，但它背后蕴含着深刻的哲学思考。柏拉图曾提出"理型世界"的概念，认为数字与几何图形是这个世界最完美的抽象表现。数字的准确性不仅帮助我们在现实世界中解决实际问题，还揭示了这个世界的某种深层次的和谐与规律。无论是整数、分数、无理数，还是虚数，它们都是我们试图用有限的符号来捕捉无限复杂世界的工具。

正如数学家高斯所说："数学是科学的女王，而数字是数学的皇冠。"数字的准确性不仅是科学的基石，更是人类思想的精髓。正是对数字准确性的追求，推动了数学的发展，塑造了我们对世界的理解。

π 的执着

人类对数字准确性的执着，成为推动文明进步的重要力量。对于 π 的计算，仿佛不同时代的文明接力着探索未知的火炬。

古埃及的测量者，以朴素的方式描绘出圆的神秘比例，尽管他们的计算精度无法穷尽 π 的精妙，但那已足够支撑起辉煌的金字塔。这些神秘的数字，伴随着古老文明的兴衰，不断被传递和完善。

7.1 圆周率 π

π 的读音是"派"（pie），数学界的环形英雄，总是保持圆周和直径之间的无限不循环的神秘比率，约为 3.14159。

到了古希腊时期，阿基米德采用几何方法近似计算 π 的值。他的思想仿佛一把钥匙，打开了通向数学准确性世界的大门。他先将圆分割成多个小扇形，然后摊平成直角三角形，再通过内切与外切多边形的周长计算出 π 的上下界。随着多边形边数的增加，精度不断提升。阿基米德最终得出了一个近似 3.141

的数值。这种逼近法，被后世誉为"阿基米德方法"，是古代计算 π 的经典方法，其结果在当时已然达到了极高的精度。

后来，中国著名的数学家祖冲之在 π 的计算上取得了划时代的成就。他采用刘徽的"割圆术"，通过倍增圆内接正多边形的边数逼近圆周，将计算推至前所未有的精度。祖冲之计算出 π 在 3.1415926 与 3.1415927 之间，精确到小数点后第七位，并且还提出两个实用近似值：约率 $\pi \approx \dfrac{22}{7}$（误差 0.04%），密率 $\pi \approx \dfrac{355}{113}$（误差仅 0.00009%）。这一成就领先了西方约千年。

无穷级数的发现，开启了计算 π 的新篇章。莱布尼茨公式展示了无穷级数的奇妙，那些逐渐减小且正负交替的项，仿佛在无限接近 π 的核心。通过逐项相加，最终得到了 π 的四分之一。

$$\frac{\pi}{4} = 1 - \frac{1}{3} + \frac{1}{5} - \frac{1}{7} + \frac{1}{9} - \cdots = \sum_{n=0}^{\infty} \frac{(-1)^n}{2n+1}$$

英国天文学教授约翰·梅钦（John Machin）在 1706 年提出的梅钦公式（Machin's Formula）是另一种深具洞见的创新。梅钦通过反正切函数（arctan）展开成级数，精确地计算出了 π 的小数点后 100 位，这一结果在当时无疑是惊人的。

$$\pi = 16 \arctan\left(\frac{1}{5}\right) - 4 \arctan\left(\frac{1}{239}\right)$$

现代计算机技术的飞跃为 π 的计算带来了革命性的变化。蒙特卡洛方法（Monte Carlo Method）利用随机撒点的原理，通过概率论的巧妙运用，估算出 π 的值，这种方法直观且特别适合用计算机实现。随着计算机科学与数值分析技术的不断进步，π 的值已经达到了小数点后数万亿位，对于推动科学研究具有深远意义。

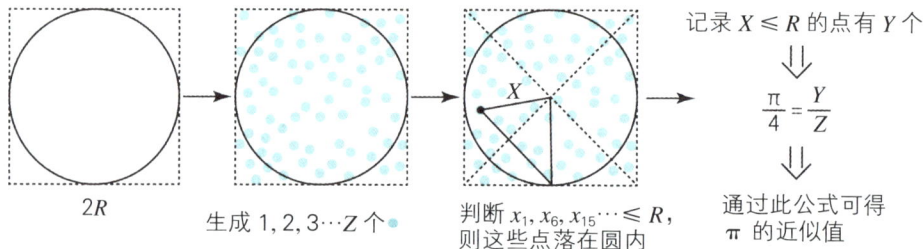

使用蒙特卡洛方法估计 π 的值

圆的面积：正方形的面积 $= \dfrac{\pi r^2}{(2r)^2} = \dfrac{\pi}{4}$。

- 正方形边长为 $2R$，在正方形内画一个半径 R 的内切圆。
- 在正方形内随机地生成大量的点。
- 判断每个随机生成的点是否落在圆内。
- 记录落在圆内的点的数量和点的总数量。
- 根据概率的定义，圆的面积与正方形面积之比等于落在圆内的点的数量与点的总数量之比，即 $\dfrac{\pi}{4} = \dfrac{落入圆内的点的数量}{点的总数量}$。
- 根据上述比例关系，得到 π 的近似值。

蒙特卡洛方法简单易行，能够得到高精度的近似值。借助不断改进的蒙特卡洛方法并结合计算机科学和数值分析技术，人们能够更精确地计算出 π 的值。

对精确表达的追求，是数学发展的重要动力之一，而 π 的计算，则是这一追求的典型缩影。在这段历程中，人类对数字、对计算的探索，不仅是对真理的追求，更是对自身智慧的无尽挑战与超越。

微积分与极限之道

数字表达准确后，另一个问题是如何"准确"地计算。比如对一个不规则的物体求面积或体积和计算一条曲线的长度。微积分应运而生。伴随微积分应运而生的，还有叫作"无穷"的概念。

极限状态

"极限"或"无穷"，对于理解微积分非常重要。在极限的世界中，有一种不同寻常的确切性。当一个量趋向无穷时，它的结果却异常确定。这打破了我们的常识。

例如，一个无限循环的数 $0.333333\cdots = \frac{1}{3}$。再如，随着 x 的不断增大，$\frac{1}{x}$ 逐渐趋近于 0，即 $\lim\limits_{x \to \infty} \frac{1}{x} = 0$。同理，当 x 趋向负无穷时，$\frac{1}{x}$ 也趋近于 0。正无穷与负无穷最终都归于一个平凡的零点。这似乎在告诉我们，所有的殊途同归，都慢慢化为平凡。

在极限的讨论中，不能不提一个古老而又颇为耐人寻味的故事——芝诺的龟兔赛跑悖论。这不是那个耳熟能详的寓言故事，而是一场关于无穷逻辑的哲学思考。

在这个故事里，乌龟和兔子还是在赛跑。但是，乌龟在 B1 点起跑，兔子则从 A 点起跑。虽然兔子速度快，但每次它快要追上乌龟时，乌龟总是向前爬了一点。就这样，兔子和乌龟之间的距离虽然不断缩小，却始终未能归 0。龟兔赛跑悖论让无数智者陷入困惑，因为他们未能理解极限的奥义——极限可能并不像表面上那么无法捉摸。

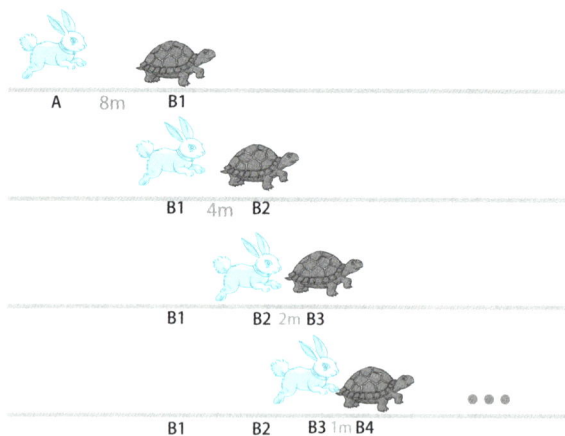

芝诺的龟兔赛跑悖论

龟兔赛跑悖论的关键在于理解无限小的概念。兔子与乌龟的距离虽不断缩小，但直到这个距离真正变为 0，兔子才真正追上乌龟。这种现象在现实中是常见的，但在数学世界中，如何定义无限小的边界呢？

通过一些具体的数字，我们可以更清楚地得到这个问题的解答。假设初始时兔子与乌龟之间的距离为 8 m，兔子的速度为 2 m/s，乌龟的速度为 1 m/s。根据龟兔赛跑悖论的逻辑，兔子在不断追赶中，与乌龟的距离不断缩小，将是 4 m、2 m、1 m、$\frac{1}{2}$ m、$\frac{1}{4}$ m、$\frac{1}{8}$ m······

兔子跑过的总距离将是 $S_1 = 4 + 2 + 1 + \frac{1}{2} + \frac{1}{4} + \frac{1}{8} \cdots$，而乌龟爬过的总距离是 $S_2 = 4 + 2 + 1 + \cdots$。这两个数列虽然趋于无穷，却可以通过极限的概念加以解释。如果兔子以 1 m/s 的相对速度追赶，那么兔子在 8 s 后必然追上乌龟——这时，兔子跑了 16 m，乌龟则爬了 8 m。

这一发现揭示了一个真理：兔子可以追上乌龟，无限小的距离最终是可以被克服的。无限的距离，不过是时间的假象。从数学的角度看，一个无限小的正数最终可以趋于 0，这正是极限的"魔力"所在。无穷的概念如果得以正确理解与运用，我们将进入一个全新的理解层面，这种思考方式的转变，不仅是数学界的一场变革，更是对整个人类思维极限的一次深刻挑战。

我们发现，在极限的境地之中，那些看似无尽的无穷，竟然能够导致一个确切的结果。正是这种现象，一点一滴地构筑起了微积分这个庞大的帝国。微积分（Calculus）包括微分与积分，这两个概念在历史长河中，像是隔着数千年的古老眼神相互凝视。

丝滑的微分

7.2 微分

追求瞬间的变化。

这里之所以用"丝滑"，是因为微分都是瞬间的，短到不可眨眼的时刻。微分追求的是瞬间的变化，用数学的语言是这样描述的：微分描述了函数自变量微小变化时，函数因变量的相应变化。函数 $y = f(x)$ 的微分表示为 $f'(x)$ 或 $\frac{\Delta y}{\Delta x}$，

其中 $f'(x)$ 表示函数 $f(x)$ 对 x 的导数，$\dfrac{\Delta y}{\Delta x}$ 表示微分运算中的微小变化。

以函数 $y = x^2$ 为例，我们可以将微分问题形象地转化为面积问题，如下图所示。设想一块边长为 x 的正方形，其面积为 x^2，如果边长分别增加 Δx，它的面积会增加多少？很容易得知，增加了两个边长为 x 和 Δx 的长方形的面积，以及一个边长为 Δx 的正方形的面积。微分的思路是，当 Δx 接近 0 的时候，将其忽略不计。因此增加部分的全部面积 Δy 约为 $2x\Delta x$。

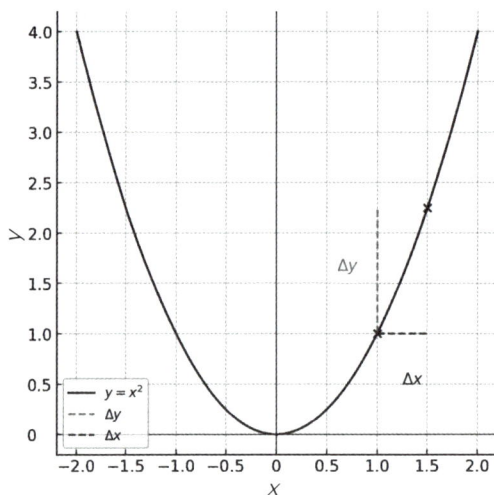

微分的示意图

这里非常容易混淆一个概念，就是导数。但是，在高等数学中，导数非常重要。

7.3 导数

追求瞬间的永恒。

导数和微分的区别是一个是比值，一个是增量。

导数是函数图像在某一点处的斜率，也就是纵坐标增量（Δy）和横坐标增量（Δx）在 $\Delta x \to 0$ 时的比值。也就是说，导数是瞬间的比值。

微分是指函数图像在某一点处的切线在横坐标取得增量 Δx 以后，纵坐标取得的增量，一般表示为 dy。也就是说，微分是微小的变量。

导数还可以理解为函数图像在某一点处切线的斜率。导数若为正，表示函数图像在该点向上；若为负，表示函数图像在该点向下；等于 0，表示函数图像在该点平稳。

累加的积分

首先，声明一下，虽然叫微积分，但是积分的出现比微分早了长达 1300 年的时间。

7.4　积分

分得小了，就可以任意摆布。只需要按照既定的规则加起来即可。

对于一个不规则的形状，可以求面积、体积吗？如何计算呢？在极限状态下，可以把不同形状分割成矩形、三角形等——确定的形状，一般都是可计算的。

积分将形状转化为许多由小长方形组成的形状。三角形可以看成以底和高为长和宽的长方形的一半；平行四边形可以看成两个以边为底边的三角形；梯形可以看作平行四边形的一半。简言之，无论是正方形（特殊的长方形）还是三角形、平行四边形、梯形，它们的面积公式都可以从长方形的面积公式推导而来。

如果不依赖圆周率，仅从长方形的角度来计算圆的面积会怎样呢？我们可以先在一张方格稿纸上画下一个圆，然后数一数圆内有多少完整的方格。这不难做到，但如何计算不完整的方格？只能粗略地将其分成长和宽各不相同的三角形，分别算出这些三角形的面积，最后汇总成圆的面积。当然，方格越小，近似得越精确，圆的面积也就越接近准确值。

电视、显示器及数字打印机等技术实际上都由许多像素或小点组成，所呈现的是锯齿状的画面。然而，当这些像素方格足够小的时候，无论是曲线还是斑斓的色彩，都会变得足够平滑。

　　除了可以用于平面图形，积分还可以用于立体图形。17 世纪的意大利数学家博纳文图拉·弗朗切斯科·卡瓦列里（Bonaventura Francesco Cavalieri）有一项重大发现：一副扑克牌整齐地摆在那里，或者像打开的折扇一样稍微扭转一下，再或者像玩牌老手那样把牌洗好展开成一长条，它们的体积有什么变化？很显然，所有的情况下体积都不变，因为都是同一组卡片。卡瓦列里发现，当立体图形在任意位置上的截面面积相等时，无论立体图形的形状如何，体积总是相等。这就是中国著名的"祖暅原理"。

　　极限、微积分都是追求数字准确性道路上的辉煌成就，至今方兴未艾……

可以到达的"准确"

　　有一个重要的问题——对于"计算"这件事，究竟是否可"行"、究竟是否可以达到呢？

　　如何解答数学问题？从算术到几何，我们执着于算出一个数字，这个数字可能代表数量、面积或体积等。然而，严格的数学运算只是计算的一部分，不同的计算思路和途径尤为关键。在代数中，解方程可以通过代数解法、图形法或者数值逼近法来实现；在几何中，计算一个形状的面积或体积可以通过不同的公式、积分、几何性质或数值逼近等方法来完成。不同的方法在解决问题的速度、效率和适用性上各有优劣。

图灵的困惑与破局

　　一切都始于一个简单却深刻的问题：什么是"可计算的"？对于 20 世纪的数学家图灵来说，这个问题引发了无尽的思考。他想象出了一个简单的机器——如今我们称为图灵机。通过这个理论模型，他证明了计算不仅与数字的精确计算有关，更与如何在有限时间内完成尽可能多的计算任务有关。图灵机的出现，反映了计算从"准确性"向"速度"过渡的思想萌芽。

之前提到的另一个重要人物登场了——冯·诺依曼。你可以想象，图灵和冯·诺依曼在 20 世纪 40 年代某个阴云密布的下午，围坐在一张堆满数学笔记的桌子旁，激烈地讨论如何让计算机不仅能"算得对"，更能"算得快"。图灵思考的是计算机的能力，而冯·诺依曼将这种能力具象化，设计出了现代计算机的结构蓝图。

图灵与冯·诺依曼的对话

冯·诺依曼提出了一个看似简单却深远的想法——把指令和数据存储在同一台计算机的内存中。这样一来，计算机就可以不间断地进行运算，速度自然提升。冯·诺依曼的这个想法让当时的计算机开发进入了一个新的时代，而计算速度的重要性逐渐超过了准确性。

可计算的烧水程序？

在图灵的理论中，可计算数是指能够通过某种算法在有限步骤内计算出的数。可计算性理论则更进一步，探讨某个问题是否可以用算法解决，以及哪些问题不可以用算法解决。可计算性理论就是用来判断一个问题是否有算法解决的方法。图灵机是一个简单的设计，定义了算法能解决的问题范围。图灵机是一个理想化的计算设备，可以模拟任何计算过程，通过读取和写入纸带上的符号及转换状态来完成计算。

为了更好地解释这些抽象概念，我们可以用一个简单的例子——"烧水程序"来说明。假设我们设计一个程序，它的目标是烧开水，具体步骤如下。

- 打开水壶开关。

- 检测水温是否达到100℃。

- 如果水温未达到100℃，继续加热。

- 如果水温达到100℃，关闭水壶开关，程序结束。

这个程序模拟了烧水的过程。无论水的初始温度是多少，只要时间足够，水温总会达到100℃，程序也会在这时停下来。在这种情况下，问题是可解决的，因为有一个明确的结束条件，我们可以在有限的时间内得到结果。

然而，如果我们设计的程序是要判断"水是否永远无法烧开"，那么这个问题就变得复杂了。如果没有明确的终止条件（比如水壶里没有水或温度传感器坏了），程序可能会陷入无限循环，永远无法停止。这就类似于图灵机的"停机问题"，这是一个不可计算问题。我们无法在有限步骤内通过算法得到这个问题的答案。这揭示了某些问题虽然看似简单，但实际上是无法通过计算解决的。

图灵机的"停机问题"并没有出现在图灵最初的论文中，这个问题的探索归功于斯蒂芬·克林尼（Stephen Kleene）和马丁·戴维斯（Martin Davis）。他们的研究帮助我们理解了何时图灵机无法停止运行，也就是它成了一台"故障机器"。戴维斯在其著作《可计算性和不可解性》（*Computability and Unsolvability*）中将这个问题称为"停机问题"。他们的工作奠定了可计算性理论的基础，并开创了将可计算性理论作为一门学科来研究的方向。

通过"烧水程序"，我们可以更清晰地理解可计算性理论的关键。可计算性理论试图回答的核心问题是"什么是可计算的？"可计算函数是指可以通过程序在有限时间内计算出的函数，而不可计算问题是指没有算法能够在有限时间内解决的问题。比如，如何判断水是否永远无法烧开，正如如何判断一台图灵机是否会停机，这就是不可计算问题。

有些问题的答案，不在时间的尽头，而在我们无法触及的边界之外。总的来说，图灵机为我们定义了算法能解决的问题的范围，而可计算性理论让我们理解了计算的局限性。通过"烧水程序"的例子，我们不仅看到了数学和可计算性理论的核心问题，还揭示了某些问题从根本上是不可解的。正是这种对计算本质的深入探讨，奠定了现代计算机科学的基础，也引导我们思考人类思维与计算机计算能力的极限。

真的能行吗？

真正的智慧，不在于寻求完美，而在于在有限中发现无限的可能。能行性理论（Feasibility Theory）侧重于研究如何在有限资源和时间内找到可行的解答，而不是单纯地判断问题是否有解。这不同于可计算性理论的抽象探讨，能行性理论更加务实，关心的是解决问题的"成本"，以及在实际应用中是否能找到足够好的解决方案。

例如，之前提到的旅行商问题是一个经典的能行性问题。要找出拜访若干城市的最短路径，在城市数量少时，可以很快得出最佳解。然而，随着城市数量的增加，所有可能路线的数量会呈指数级增长。如果是 10 个城市，可能的路线有 181440 种；如果是 20 个城市，可能的路线就已经超过万万亿种。这超出了实际的计算能力范围。因此，能行性理论并不是追求完美解，而是寻找接近最优解的解，并且在合理的时间内给出结果。这就是能行性理论的核心思想——在现实约束下寻求可行方案。

能行性理论对于区分可解问题与难解问题、算法设计、资源分配等至关重要，可以帮助我们全面理解问题的边界和约束，为寻找解决方案提供更完整的视角。

- 可行解——在限制条件下，找到满足所有要求的方案。例如，设计手机时，需要考虑体积、质量、成本和电池寿命的限制。能行性理论可以帮助我们找到符合条件的设计方案。

- 限制条件——所有问题都有限制条件，如资源、时间、资金等。在建筑设计中，限制条件可能是预算、环保规定和材料可得性，这决定了设计方案的可行性。

- 优化问题——在寻找最优解的过程中，能行性理论关注的是如何在有限时间内接近最佳解。例如，航空公司规划航线的目标是既降低成本，又最大化资源利用率。这里，能行性理论可以帮助我们找到在限制条件下"足够好"的方案，但不一定是最完美的方案。

- 算法和方法——能行性理论不仅涉及找到可行的解决方案，还涉及设计有效的算法。例如，机器学习算法需要在海量数据中找出模式，并在有限的计算资源下完成工作。

如果我们回到旅行商问题，能行性理论并不期望找到最短的路径，因为随着城市数量的增加，这几乎变得不可行。相反，它寻找一种近似解，例如，使用启发式算法或遗传算法，可以在可控的时间内找到足够接近最优解的路径。

能行性理论与可计算性理论相辅相成。可计算性理论确定问题是否有解，而能行性理论研究如何在限制条件下高效地找到可行解。能行性理论不仅适用于计算机科学，还广泛应用于工程、经济和生活的方方面面，比如优化资源、分配预算、设计产品等。

这两个理论为我们提供了全面理解计算问题的框架，既关注"能不能解"，又关注"如何在合理时间内解"，从理论到实践，这为我们的决策、规划和优化提供了有力支持。

第23章　速度的新命脉

1997 年，深蓝在象棋比赛中，击败了当时的世界冠军加里·卡斯帕罗夫。计算机战胜国际象棋的世界冠军，这是历史上第一次。深蓝的算法本身并不具备"创造性"或复杂的推演能力。它没有模仿人类思考方式，而是采用了暴力计算的方式，依靠强大的算力，每秒可以评估多达两亿步。

这加速了人类对于计算的思考。

在过去，计算的重点是准确性，然而，随着科技的进步，速度已成为全新的命脉。即使算法不完美，甚至不具备复杂的推演能力，凭借强大的算力，依旧能够取得惊人的结果。这种对计算速度的追求已从需求演变为科技发展的驱动力。

从早期的机械齿轮到如今的光速电路，速度的变革不仅重新定义了技术，更改变了整个社会的运作方式。速度已经超越了单纯提升效率的范畴，成为推动经济、科技发展乃至全球竞争的关键驱动力。

速度不再是选项，而是衡量时代进步的全新尺度。

数字化近似

这一切的转变应当从计算机的出现说起。从本质上来讲，计算机把我们见到的很多东西都数字化了。无论是文字、图像，还是视频，这些信息都被转换为向量、矩阵等数据形式进行处理和存储。计算机以与深蓝近似的方式应对复杂问题，通过简化连续数据，把它们离散化为可操作的形式，从而实现了令人惊叹的运算速度。

举个例子，计算机无法处理真正的曲线，因此通过许多小的线段拼接来近似表示曲线。这些线段足够小，以至于在大多数情况下，肉眼无法区分它们的拼接与实际曲线的差异。虽然这并不精确，但在实际工程应用中，这种精度已经足够。

不仅如此，图像也是由数以百万计的像素矩阵组成的，数据的复杂性让完全精确的计算变得不再必要。为了应对大规模数据，计算机通过合理的近似来提高速度。计算时的数字化近似使我们能够在实际问题中找到可行的解决方案，即便它并不完全精确。

但在数字化近似中，精度与效率之间的平衡至关重要。例如，计算机的存储精度在浮点运算时虽然较高，但依然存在舍入误差。即便如此，数字化近似已足以应对大部分复杂问题。数字化近似不仅推动了计算机的发展，也带我们进入了一个全新的计算时代。

数字化近似的大量使用促使数据激增，从而引发了对于速度的强烈需求。面对庞大且复杂的数字世界，如何快速地处理、分析数据，成为现代计算的核心挑战。

速度的渴望

在如今这个大数据和人工智能驱动的世界里，速度已不仅是技术的一部分，而且渗透到了各行各业。我们不仅追求结果的准确性，更渴望以最快的速度得到结果。速度变成了竞争的焦点，谁的速度更快，谁就能在市场中占据先机。

在金融领域，1 微秒（ms）的延迟可能意味着数百万美元的损失。高频交易系统必须快速计算数据，及时响应市场的变化。2012 年，骑士资本高频交易系统发生故障，损失数亿美元，几近破产。这种对速度的依赖，使金融市场成为毫秒级竞争的战场。

在医疗领域，速度同样至关重要。系统的几分钟延迟，可能导致患者失去抢救的机会。高效的数据处理和实时的医学成像，让医生可以快速做出诊断，挽救生命。计算速度在医疗界引发革命，彻底改变了医生的工作方式。

与此同时，数据中心和并行处理技术的发展，使得速度不再局限于单一的领域。大型企业依赖 ERP、CRM 等系统进行实时数据分析，优化生产线调度。这些系统的背后，是庞大的运算需求和高效的硬件支持。无论是制造业、物流业，还是互联网行业，每一秒的加速都在改变商业格局。

不仅如此，随着搜索引擎的崛起，速度已成为互联网的核心。谷歌、百度等公司通过高速信息检索，缩短了人类获取知识的时间。如今，信息的价值不仅在于内容的深度，更在于其传播和处理的速度。

速度的飞跃不仅体现在软件的进步上，还体现在硬件技术的突破上。多核处理器、固态存储器和光纤网络的发展，使计算能力大幅提升。企业借助这些硬件技术，以更快的速度获取并处理海量数据，提升决策的效率与准确性。

这些变化如同注入了强心剂，激发了人类对速度的狂热追求，每一个技术的进步都在不断地推动着这种追求的实现。速度，正在成为新的命脉。

速度是如今不可或缺的东西。就像火箭离开地球，速度便是那股不可抵挡的力量。

这个时代的主角是计算机。在以信息技术为主导的时代，计算机的速度不仅代表着科技的进步，更直接关系到国家的经济实力、科学研究能力和国际影响力。

速度的推动力

计算速度始于军事需求。1946 年，美国开发出第一台电子数字计算机 ENIAC，尽管每秒仅能进行 5000 次加法运算，却奠定了后来的数字革命的基础。随着摩尔定律（粗略地讲，晶体管数量每 18 个月翻倍，计算速度呈指数级提升）的提出，从 1985 年首台超级计算机 Cray-2 每秒 1.9 亿次浮点运算，到 Summit 超级计算机的 200 千万亿次浮点运算（2018 年的数据），速度的进步不断扩展计算机的应用领域。

这些超级计算机不仅用于科学研究，还在国防、核模拟、气象预测等领域扮演着关键角色。2021 年，美国在军方超级计算机研发上的年投入约为 20 亿美元。这些计算机被用于优化军舰设计、预测敌方部署等。

在商业领域，硅谷的崛起同样得益于速度的突破。谷歌每秒处理超过 63000 个搜索请求；Facebook 每天处理超过 350 亿条消息。巨大的数据处理需求背后，是高效算法与超级计算机的支持。美国的数字经济产值占国内生产总值（Gross Domestic Product，GDP）的 40% 以上，这离不开高速计算的推动。

在我国，硬件制造与计算速度均已成为国家发展的命脉。我国在数字革命中的崛起同样归功于对计算速度的重视。自启动 863 计划以来，我国已经在全球范围内占据了超级计算机的领先地位。当下，"神威·太湖之光"以每秒峰值 125 千万亿次浮点运算的计算速度，奠定了我国在超级计算领域的国际影响力。它被广泛用于科学研究，如材料科学、气象和基因组分析等，推动我国科研能力的快速提升。

韩国——速度驱动的半导体帝国。韩国的半导体行业展示了速度对制造业竞争力的直接影响。三星在全球动态随机存储器（Dynamic Random Access Memory，DRAM）市场中占据主导地位，得益于其生产线的高效管理和快速计算支持。2020 年，三星每年生产的芯片数量巨大，制造周期从 45 天缩短至 25 天。速度的提升不仅提高了生产能力，还增强了应对市场需求波动的灵活性，使韩国成为全球半导体市场的重要力量。

欧洲，正进行工业与科学的速度革命。欧洲国家尽管在商业领域相对保守，但其在工业和科研领域依然展现了速度的革命力量。德国的"工业 4.0"计划使得制造业走向智能化，通过实时数据处理，戴姆勒公司可以在数小时内完成从订单接收到生产线调度的全流程优化，订单交付周期缩短 20%。法国的气候模拟系统是科学领域速度应用的典型代表，国家超级计算中心的超级计算机每秒执行超过 200 万亿次运算，用于应对气候变化挑战。快速计算能力使得气候模拟的时间大幅缩短，极大地提高了应对气候变化的效率。

速度决定生存——核武器与计算的极限。在军事领域，计算速度直接决定国家存亡。我国通过"天河二号"超级计算机，极大地缩短了核武器设计与模拟的时间。美国和我国都通过高速计算系统来模拟核爆炸的后果和战略反击，提升国家安全事件应对速度。在突发事件中，计算速度提供了快速决策的基础，对全球军事格局产生了深远影响。从词云图可以看出，计算速度应用领域呈现明显地域特征。

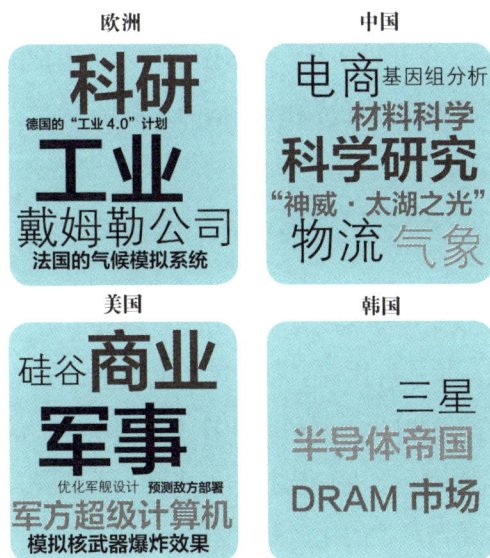

应用领域词云图

放弃速度，可能意味着放弃了整个时代的文明核心。速度早已渗透到了我们生活的方方面面。它不仅是技术进步的象征，更代表着时代的生存法则——快意味着控制，慢意味着被动与淘汰。

第 24 章　算力之无限未来

自从人类展示出了对速度的无尽追求，世界各地的科学家便如同被点燃了一般，不断创造出提升速度的技术。从第一台计算机的诞生到如今，算力飞速增长，这不仅是技术进步的必然趋势，还是战争需求的呐喊，更是文明的进步。

在速度的战场，算力是最锋利的刀刃。表面上，算力似乎只是数字与代码的叠加，冷冰冰，无感情，然而，算力的背后蕴藏着国家的意志、经济的脉搏，甚至文明的兴衰。今天的算力，已不仅是技术，还是国与国之间隐秘的博弈点，更是操控科学、军事、经济乃至生活的无形之手。

从"0"到"1"的跨越

算力的发展，不仅是一场速度竞赛，更是一场从"无"到"有"、从"0"到"1"的伟大跨越。这不仅体现了科技进步的力量，更是众多因素共同推动的结果。从没有计算机的时代，到超级计算主导的世界，这一跨越成为人类文明中最激动人心的篇章之一。每一次技术的飞跃，承载着人类文明的沉浮与选择，推动着社会、经济与科技的深刻变革。

从无到有：在战争的影子下，算力萌芽

一切从"0"开始。最早的计算工具，比如算盘和手摇计算机，不过是人类在数字世界中的辅助工具，依赖于人类手动操作，一笔一画地演算和记录。在电子计算机尚未出现的时代，计算的"0"象征着缓慢的进展与劳累的人力。算盘虽然只是计算世界的冰山一角，但它的出现标志着人类对复杂现实的初步应对。

算盘是国家机器运转的"技术进步"

古埃及与古巴比伦文明，通过数字与星象的结合，提升了农业规划和建筑工程的精度，并使国家保持强盛。而我国古人和古希腊人，凭借算筹和几何知识扩展了商路，提升了国力。计算能力的进步，成为文明强盛的推动力。

古罗马人的算盘未必高明，但他们的战场上，士兵们的步伐、粮草的计算、城池的规划，莫不是有精妙的运筹在后，让他们的帝国得以扩张，统治得以维系。

然而，真正将计算从"无"推进到"有"的是战争的需求。战争迫使各国家的科学家加速研发能在战场上起到决定性作用的计算工具。人类的手动计算再也无法满足战争对速度和精度的需求。正是在战争的催逼下，1946 年，ENIAC 诞生，标志着计算从"无"到"有"的转折点。ENIAC 的诞生，不仅解放了人类的双手，使得复杂的运算能在短时间内完成，也拉开了电子计算时代的序幕。

值得注意的是，ENIAC 的诞生并非科学家对科学的单纯追求，而是战争推动了这一进步。ENIAC 每一秒能完成过去人们几天甚至几周的工作，其背后的推动力正是战争。

从"1"到"无限"：算力的速度狂潮

ENIAC 的诞生只是一个起点，随着时间的推移，算力的应用领域如风暴般迅速扩展。人类从"1"迈向"无限"，沿着摩尔定律的轨道极速攀升。摩尔定律预测，每 18 个月计算机性能将翻倍，而算力呈指数级增长——算力正在成为现代科技进步的核心引擎。

在战争初期，计算机主要用于导弹轨迹计算与核武器爆炸效果模拟，计算速度在很大程度上决定了战争的结局，并深刻影响了全球政治格局。随着战争结束，算力的进步未曾停歇，反而以惊人的速度席卷科学、工业和军事领域。如今的超级计算机如我国的"神威·太湖之光"和美国的 Summit 每秒可处理过去几百年才能完成的任务，推动着宇宙探测和生命密码的解码。计算机不仅是科学的工具，还是驱动人类迈向"无限"未来的核心力量。

在未来，算力的应用不局限于科学研究。随着算力的飞速提升，态势感知技术成为现代战争与社会运作的关键。借助先进的计算能力，态势感知系统可以实时分析海量数据，从无人机群监控的战场态势到城市中的交通管理，迅速识别威胁并做出决策。态势感知系统不仅是掌握战场主动权的利器，也是未来无人化战争的核心。智能无人机、自动化作战系统，甚至"机器狗"等战场机器人将不再是科幻，而是依赖于强大算力与实时数据处理的现实。

此外，人工智能、深度学习和自主决策系统的崛起，使得未来的战争和社会运行模式发生革命性变革。在智能城市中，交通、能源管理、公共安全系统都依赖强大的计算中心，通过计算实时优化城市资源分配、提升效率并降低风险。能源计算、气候建模及生物医学计算等领域也将受益于算力的进步，使得人类对自然世界的理解与应对能力大幅提升。

然而，算力的提升伴随着巨大的资源消耗和社会成本。技术进步如同一条无尽的高速公路，每一次算力的飞跃背后都是对资源的巨大消耗。是否在追求"无限"的过程中牺牲了太多，这是个值得深思的问题。当未来的城市由自动化机器人管理时，我们如何应对由此带来的社会与伦理挑战？当算力与决策权交由机器，如何确保人类的控制能力与监督能力不被弱化？

或许，我们正站在算力狂潮的边缘，向"无限"眺望。然而，这个"无限"的尽头，不仅有技术的奇迹，也有新的挑战与未知的风险。算力的每一次进步，既是人类智慧的结晶，也是一场资源、社会与权力的博弈。

算力也有江湖

1969 年，人类登月。

然而，支撑这项壮举的阿波罗制导计算机（AGC）每秒不过运行 85000 条指令——远不及今天一台普通计算机的运算能力。相比如今的智能手机每秒能完成数十亿次浮点运算，阿波罗制导计算机的运算速度显得微不足道。今天的手机几秒便可完成阿波罗制导计算机一天的运算任务。这让人不禁感叹，早期人类竟用如此"笨拙"的工具，完成了被视为不可能的伟业。

算力的发展并不只是速度的提升，它背后隐藏的是世界格局的变迁，是科学、经济与政治的较量。算力的江湖，表面风平浪静，实则波涛汹涌。

基础算力：江湖中的不灭基石

在算力的发展中，虽然有些技术夺人眼球，但基础算力才是撑起一切的无名力量。以 1969 年的阿波罗制导计算机为例，内存仅为 64 KB，时钟频率为 2 MHz，今天随便一台智能手表的性能也比它高出千百倍。如今，普通的智能手机的内存达到 6 GB、12 GB，时钟频率达到 2.5 GHz。这种基础性能的提升，造就了算力江湖的根基。

例如，今天的云计算建立在庞大的数据中心之上。全球领先的云服务提供商亚马逊的 AWS、微软的 Azure，以及谷歌云的数据中心，单个数据中心内可以存储数百万太字节的数据，每秒处理数亿次请求。现代化的超大规模数据中心运行着数以百万计的服务器，支撑着全球的互联网服务、商业计算、电子商务等应用。

然而，这些巨大的算力成就，依赖的正是基础算力。基础算力虽然不那么引人注目，却是整个科技生态的地基。没有基础算力，云计算、大数据和人工智能这些新兴技术将无法得到发展。基础算力犹如隐形的巨人，托举着现代科技。

人工智能崛起：算力江湖的新豪杰

今天江湖中最热门的无疑是人工智能。人工智能的迅猛发展，如同一位新崛起的江湖豪杰，凭借强大的智能算力席卷全球。人工智能不仅具有单纯的运算能力，还蕴含着深度学习、机器学习等复杂的推理与决策能力。

例如，自动驾驶汽车每秒要处理来自传感器（如摄像头、雷达）等多达数十亿个数据，并基于这些数据做出驾驶决策。以特斯拉为例，它的自动驾驶系统"全自动驾驶"（FSD）芯片能够每秒进行 72 万亿次运算（TOPS），这让车辆能够快速识别道路、交通标识、行人等信息。人类大脑若想处理如此庞大的数据量，恐怕需要很久。

自动驾驶汽车处理数据

在医疗领域中，人工智能的崛起加速了医疗诊断。以 IBM Watson 为例，它可以在短短几分钟内分析上百万份医学文献与患者病历，帮助医生诊断疾病，制定最优治疗方案。这种效率的提升极大地减轻了医生的工作负担。而医生单独完成这些任务，可能需要花费数周甚至数月。

算力的提升将人工智能带上了新的高度。然而，人工智能的发展也带来了社会对人类智慧未来的忧虑。当机器变得比人类更高效、更聪明时，人类是否会失去在计算、决策领域的主导权？算力的提升给我们带来机遇的同时，也带来了新的挑战。

高处不胜寒：超级计算机的巅峰

算力江湖的"武林至尊"无疑是超级计算机。它代表着现代计算技术的巅峰，是科学研究、军事模拟等高端领域的中流砥柱。以美国的 Summit 超级计算机为例，它每秒可完成 200 千万亿次浮点运算（200 PetaFLOPS）。这个速度是什么概念？全球约 80 亿人如果每秒各自进行一次运算，也需要 100 年才能追上 Summit 超级计算机 1 s 的运算速度。

Summit 超级计算机不仅应用于气候模拟、核武器爆炸效果模拟、基因组研究等领域，还在量子化学、天体物理、药物设计等领域发挥着不可替代的作用。同样，我国的"神威·太湖之光"超级计算机具备每秒峰值 125 千万亿次浮点运算的能力，广泛用于气候、地质灾害和科研领域。

超级计算机作为算力的巅峰，不仅在科技上推动了前沿发展，也在国家竞争中发挥了重要作用，更是国家在全球科技竞争中的一张王牌。

非冯体系结构：打破桎梏的希望

当前，大多数计算机仍然采用冯·诺依曼结构，但这一结构存在"冯·诺依曼瓶颈"，即 CPU 速度远快于内存与存储器速度，限制了计算机性能的进一步提升。为了打破这一桎梏，非冯体系结构（Non-Von Neumann Architecture）

正在崭露头角。

量子计算机便是采用这种新结构的代表之一。量子计算机利用量子叠加和纠缠的特性，可以同时处理多个状态，大幅提升计算速度。例如，谷歌的量子计算机"悬铃木"在 2019 年展示了"量子霸权"，在 200 s 内完成了一项传统超级计算机需要 1 万年才能完成的任务。

除了量子计算机，光子计算机也是采用非冯体系结构的代表之一。光子计算机通过光子传输数据，能量消耗低、速度快，尤其适用于大规模并行计算。在未来，非冯体系结构可能将彻底颠覆传统计算机的设计，让算力江湖迎来新一轮的巨变。

去吧，卷出一个未来！

想象一下，在第二次世界大战时期，计算机还是庞然大物，装满了杠杆和齿轮，像是博物馆里的展品。而今天，计算机早已褪去机械的笨重外衣，换上了电子器件的精巧外套。再看看更前卫的量子计算机和光子计算机，它们用那些听上去十分科幻的理论，打算将我们送进一个全新的计算时代。

量子：算出未来

从量子力学到量子计算机，这是一场革命，但它远不如我们想象中的那么光明与简单。

100 多年前，两位科学巨人——普朗克（Planck）和爱因斯坦，意外地揭开了宇宙中微小粒子的面纱。量子力学就像是物理学界的潘多拉魔盒，带来了无尽的混乱。量子的世界充满了悖论，量子既是波又是粒子，仿佛每一个量子都带着一种双面性格，让科学家又爱又恨。

然后，量子计算机登场了。这听着像科幻小说里的超级武器：量子比特（Qubit）同时是 0 和 1，不是非此即彼的传统计算，而是一种多面手，可以瞬间处理海量数据。量子计算机能够在密码学领域展现出前所未有的威力——传统计算机破解 RSA 加密密码可能要几百万年，而量子计算机只要几秒，简直像是在现实世界里动用了"魔法"。

想象一下，这种力量能做什么？模拟分子结构、加速药物研发、破解信息安全体系？这些已经不再是科幻小说的噱头，而是真真切切的未来图景。过去 10 年才能研发出的药物，未来可能通过量子计算机缩短到几个月，甚至几周。从微观尺度的量子比特操作，到宏观尺度的星际通信，都是量子计算技术的应用范围。

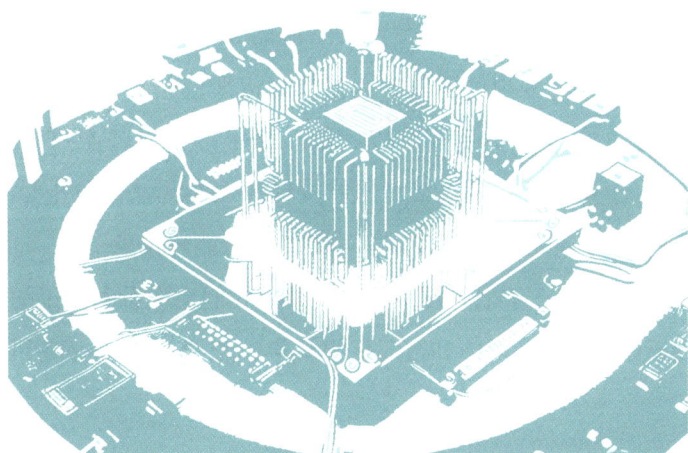

量子计算

但别急着欢呼，量子计算机还像是个蹒跚学步的婴儿，走路都磕磕绊绊。我们以为未来触手可及，其实它还远得很。

量子计算机的关键在于超导技术——在极低温度下，材料像是得到了某种超能力，能让电流在其中畅通无阻。超导技术就像是给量子比特戴上了稳固的"头盔"，让它们免受外界的干扰，顺利开展计算。但问题是，这个"头盔"还没坚固到足够应对现实的复杂性。换句话说，量子计算机还在襁褓里，我们得耐心等待它成长。

一瞬间：光子计算机

接着，我们来介绍光子计算机。光速是宇宙中最快的速度，光子计算机正试图借用光速，让信息传递达到不可思议的层次。光子计算机不同于传统计算机通过电子进行"龟速"传输，而是直接让光子——带着能量的"精灵"来操控信息，简单、迅捷。

这就像什么？就像一个房间里点满了灯，每束光都代表一条信息通道。不同于电子计算机中那些频频"堵车"的信号，光子计算机中的通道几乎不会互相干扰，仿佛每辆车都开在独立车道上，飞驰而过，毫不迟疑。

光子计算机尤其适合那些拥有数据洪流的领域。比如，大型数据中心在高峰期处理海量数据，传统计算机如同在长途跋涉，而光子计算机就像在"捷径"上狂奔，速度之快几乎让人难以置信。光子计算机甚至可以完成图像压缩、声音处理等任务——在过去，傅里叶变换等复杂算法需要电子计算机耗费大量的时间和精力才能完成，现在，"一束光"就能轻松解决。

可光子计算机再好，依旧是虚无缥缈的梦。我们还没看到真正的光子计算机变革，而它所承诺的未来，可能和很多其他承诺一样，只是挂在墙上的理想海报。

未来与能源

我们好像到了另一个国度，一个数字化的国度——全是数据。在这个数字化的国度中，我们站在浩瀚的数据海洋的边缘，目睹着以光速奔涌而来的数据波浪。在数字时代，数据不仅是信息的载体，而且是能通过高速计算、分析与挖掘，转化为具备商业价值和战略意义的资产。无论是制造业中的智能工厂、金融市场中的高频交易，还是元宇宙中的虚拟世界构建，数据为各行业提供了无尽的可能性。

在这片浩瀚的数据海洋中，计算速度成为我们手中的舵，不仅决定着我们航行的速度，还决定着我们探索的深度与广度。这里的每一个数据，都像是宇宙中的星辰，蕴藏着无限的可能和潜力。

制造业——从流水线到智能工厂的速度变革。"工业 4.0"的核心是实时数据处理与智能决策。美国通用电气（GE）公司的 Predix 平台通过工业互联网每秒采集 150 万台设备的数据，优化生产效率，使设备维护成本下降 10%，故障停机时间减少 20%。GE 公司凭借这种高速计算能力，重塑了制造业的生产方式。

金融市场——以毫秒计算的资本战场。在金融市场中，速度决定成败。纽约证券交易所的高频交易系统每秒能处理超过 10 亿次交易指令，延迟以毫秒计算。2010 年，"闪电崩盘"中，全球市场在短短几分钟内蒸发了超过 1 万亿美元，这正是由于计算速度失控所致。在金融领域中，计算速度已经成为资本的核心。根据统计，每毫秒延迟可能导致公司每年损失数百万美元。全球最大的高频交易公司 Virtu Financial 部署了光纤网络，确保数据传输延迟低至 2 ms。这种技术投入，使它在全球市场中具备不可替代的优势。

元宇宙——虚拟世界的速度基础。元宇宙的构建不仅需要海量数据，还依赖计算速度来保证虚拟体验的流畅性。Facebook 公司的 Meta 平台每秒处理 10 亿个虚拟物体的交互，服务器集群中的每个处理器每秒能执行数百万次计算。正是这种高速计算，确保了元宇宙中的即时互动和虚拟世界的真实感。

未来——速度的革命与超越。未来，量子计算机将彻底改变速度的定义。麻省理工学院估计，量子计算机在某些任务上的运算速度可以达到传统计算机的 1000 亿倍。这意味着如今需要几年才能完成的基因组研究任务，可能在几分钟内完成。5G 和量子计算机的结合，将使信息传输速度迈入毫秒级，进一步推动工业、金融和虚拟世界的深度融合。

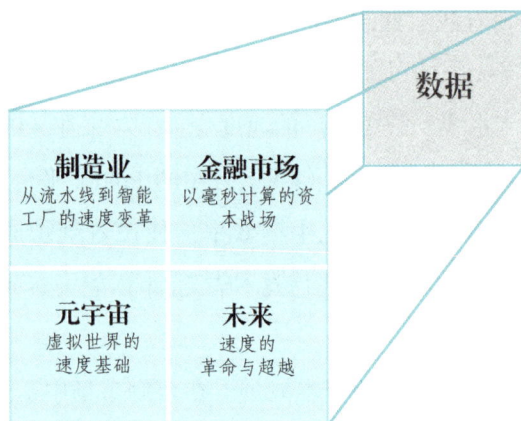

数据与现代工业

放弃速度就是放弃未来。

现代文明的加速性本质上是人类与时间的博弈。通过提升速度，我们能够压缩时间，延展空间。这不仅体现在技术领域，也在全球化的竞争中凸显——国家之间的博弈，企业间的竞争，甚至个人生活效率的提高，都依赖于速度的提升。放弃了速度，便意味着放弃了应对复杂世界的能力，同时意味着在全球的时间竞赛中落后，被技术、经济，甚至文化浪潮所抛弃。

算力与能源

270000000000 kW·h 是什么概念？这是 2022 年我国所有数据中心的总能耗，约占全国总用电量的 3%。换句话说，相当于 2.8 亿人一整年的用电量，几乎与整个巴西一年的用电量相当。三峡水电站这样世界级的发电站，得全速运转两年，才能勉强填满这个巨大的"能源黑洞"。

在算力日益成为全球竞争焦点的当下，能耗已成为影响科技发展的重大问题。无论是超级计算机、云计算平台，还是人工智能应用，背后都隐藏着令人瞠目结舌的电力需求。

超级计算机的算力越强大，其能耗也就越惊人。以美国 Summit 超级计算机为例，虽然它的计算能力在全球名列前茅，但它的年耗电量高达 1.14 亿千瓦时，足够为超 1 万户美国家庭提供一年的电力。我国的"神威·太湖之光"虽然在能效上有所优化，但其峰值功耗也高达 15 MW·h。

超级计算机的耗电量不仅体现在计算过程上，数据传输、存储和散热同样需要大量电力。由于处理器高速运行会产生大量热量，冷却系统的电力消耗也不容忽视。例如，全球最高效的超级计算机之一的 Fugaku，虽然每秒能进行 44 千万亿次浮点运算，但其冷却系统每年要消耗数十吉瓦时的电力。

随着数据的爆炸式增长，数据中心已成为现代社会的"心脏"，但也成为巨大的能量漩涡。在全球范围内，数据中心消耗的电力总量预计在未来几年将超过 3%，达到全球电力消耗的上限。

谷歌的全球数据中心在 2019 年消耗了大约 12.4 TW·h 的电力，约等于美国 100 万户家庭的年用电量。亚马逊的数据中心作为全球最大的云服务平台，其能耗也逐年攀升。亚马逊在其全球范围内的数据中心，每年的电力消耗已经接近 16 TW·h。

人工智能训练模型的耗电量同样令人震惊。以 OpenAI 训练 GPT-3 为例，据估算，训练这个大型自然语言模型所需的电量大约是 1287 MW·h，超过一架波音 747 飞机横跨大西洋的能量消耗。而训练大型的神经网络模型，每次迭代都需要成千上万次的计算，在 GPU 和 TPU 上的运算消耗会急剧上升。

区块链技术，尤其是"挖矿"，是电力消耗的典型例子。"挖矿"需要消耗大量电力，2021 年比特币网络的年耗电量达到了 91 TW·h，超过了整个芬兰的电力消耗。每一次新的"区块"挖掘，都要消耗惊人的电力。对于环保人士和监管机构来说，这无疑是巨大的挑战。

在算力的竞争中，能源使用效率已成为新的焦点。如何在提高算力的同时降低能耗，已经成为科技领域的核心议题之一。

绿色计算是一项技术，也是我们的责任。各国纷纷投入巨资研发更节能的硬件设备、数据中心管理技术及散热系统，促进算力可持续发展。比如，谷歌的数据中心在全球率先使用了基于人工智能的冷却系统，依靠深度学习算法自动调节冷却设备，降低了 40% 的能耗。

同样，在超级计算机领域，能效比成为衡量超级计算机的重要标准。美国开发的超级计算机 Frontier 不仅拥有每秒百亿亿次的运算能力，同时其能效比远远领先于早期机型。通过更高效的芯片和更智能的散热系统，Frontier 的每瓦能耗效率为 52 GFLOPS，在能效比方面完全符合现代绿色计算的要求。

追求算力的同时，我们在衡量对地球的责任。科技如火焰，能源是燃料，如何不让这火焰耗尽文明的根基，是我们必须面对的问题。

第八部分

计算 = 核心竞争力？

无论我们是否承认，计算能力正如一只无形的手，拥有庞大的力量。值得注意的是，它不仅包括传统的算力（运算能力和数据处理能力），还涵盖算法、数据分析和优化技术等。如今，计算能力已成为推动社会与经济发展的核心力量，决定着国家在全球竞争中的地位。

在数字经济的推动下，计算能力已成为新型生产力的代名词，重塑了现代生产关系。它又像一张无形的网，将各行业、企业环环相扣，形成智能化、协同化的数字生态系统。算法和智能决策将成为未来产业的核心，推动生产力和生产关系的进一步变革。

第25章 驱动新时代的引擎

计算能力的提升，不仅带来了技术进步，更催生了一个全新的产业生态。从硬件制造到软件开发，从数据存储到网络通信，各个环节如多米诺骨牌般依次展开，共同描绘出一幅宏伟的画卷。

回顾"算力"，悉数文明

计算能力与国家综合实力是存在一定关系的。计算能力就像一条贯穿人类文明的隐线，既深奥又精彩，影响着历史的走向，塑造着文明的辉煌。从远古的星空观测，到近代的蒸汽动力，再到今天的人工智能和量子计算机，算力的跃迁不仅是工具的进化，更是思维方式的革命。正如数学家们用公式描绘宇宙一样，国家可用计算能力描绘强盛蓝图。计算能力不是枯燥的数字运算，而是力量、智慧和国家命运的象征。

金字塔下的智慧巅峰。古埃及文明常被描述为由沙石和神构筑，但它的真正基石是天文学和几何学。应对尼罗河的泛滥需要发展出精确的农历，而金字塔的建造堪称古代工程计算的奇迹。试想一下，数千年前的工匠和数学家们站在炎热的沙漠中，凭借对几何的深刻理解，计算出石块的精确堆叠结果，打造出屹立千年的巨型建筑。算力在这里不仅创造了宏伟的建筑，还稳固了法老的权威、延续了王朝的辉煌。埃及的金字塔是古老算力的实体象征，也是国力的具体体现。

数的国度，星的语言。在两河流域，古巴比伦的祭司们不仅掌管宗教仪式，还通过复杂的六十进制数制和天文计算为整个文明规划未来。想象一下，站在古巴比伦的神庙顶上，祭司们通过观测星辰，计算出播种时间、收割时间，甚至预言天象的变化。古巴比伦的算力就像一把无形的钥匙，揭开了时间与天体运动的奥秘。它不仅是农耕社会的关键支撑，更是古巴比伦文明的重要元素。通过观测天象，祭司们不仅支配了大地上的时间，也确立了自己在古代世界的知识霸权。

从哲思到几何学的智慧飞跃。古希腊人的智慧不仅来自苏格拉底和柏拉图的哲学，还来自毕达哥拉斯和欧几里得的数学和几何学。试想一位古希腊数学家手持一根木棍，在沙地上画下三角形，然后宣告勾股定理如何揭示宇宙的规则。这样的计算能力不仅在几何学中得到体现，更影响了航海学、建筑学乃至天文学。古希腊的算力，是从思维与宇宙规则的探讨中诞生的。古希腊的城邦因为掌握这些智慧，在海洋探索和城市建设上领先于其他文明，成为古代地中海的知识灯塔。

建筑与军队的精密运算。如果你站在古罗马的道路上，目睹那些四通八达的石板路，你可能会想，是什么样的力量让这些道路如此平直、坚固，并且延续数百年？答案在于罗马帝国的工程计算能力。罗马帝国的工程师和规划者们不仅用算力修建了通往罗马帝国各地的道路和桥梁，还用它来规划军队的行进路线、补给运输和防御工事。古罗马的算力并非停留在学术象牙塔中的讨论，而是切实用于工程和军事，成为实实在在的国力支柱。通过精密的工程计算，古罗马人让他们的帝国稳步扩展，从地中海沿岸一直延伸到大半个欧洲。

数字的黄金时代。进入中世纪，阿拉伯文明成为计算世界的中心。代数不仅是数学上的突破，更是思想上的飞跃。设想一下，在巴格达的"智慧宫"中，数学家们通过复杂的方程式，解决天文学、建筑学甚至金融学上的难题。阿拉伯文明的算力不仅用于科学探索，还用于贸易、航海。阿拉伯数字系统更是彻底改变了全球的计算方式，成为文明交流的重要桥梁。阿拉伯人通过掌握算力，不仅维持了阿拉伯帝国的繁荣，还塑造了整个中世纪的知识世界。

算力与商业的繁荣共舞。宋朝是我国历史上经济和科技高度繁荣的时代，而其背后的支撑力量之一就是强大的计算能力。设想一下，宋朝的商人在汴梁的繁华街道上，通过算盘计算货物的价格、利息和税率，而天文学家用复杂的天元术预测日食和月食的时间。宋朝的算力不仅推动了其成为当时全球经济的中心，还推动了海上丝绸之路向外扩展，使其影响力辐射到东南亚乃至中东。宋朝的繁荣和技术创新，离不开计算能力的支持。

思维与算力的复兴。文艺复兴时期，欧洲重新找回了古希腊、古罗马的数学和科学传统。想象一下，哥白尼和伽利略通过望远镜观测星空，用复杂的数学模型推翻了延续千年的地心说。他们运用数学工具进行精确计算的能力，不仅革新了天文学理论体系，更从根本上突破了中世纪的思想禁锢。文艺复兴时期的算力不仅推动了科学进步，还为欧洲的航海探险、工业革命打下了基础。正是这种将计算能力与创新思维紧密结合的方式，欧洲在全球扩张中逐渐占据了主导地位，改变了世界的力量格局。

蒸汽与算力的结合。18世纪的英国，通过第一次工业革命迅速崛起，而其中的关键力量之一就是计算能力。巴贝奇的差分机虽然没有完成，但奠定了现代计算机的雏形。与此同时，瓦特（Watt）改进的蒸汽机推动了工厂生产效率的提升。英国的算力不仅让它成为工业化的先锋，还通过技术上的领先巩固了其全球殖民帝国的霸权。第一次工业革命是算力与经济、军事扩张相结合的典型案例。

信息时代的缔造者。进入20世纪，美国凭借在计算机技术上的突破，开创了全新的信息时代。试想一下，冯·诺依曼站在实验室中，设计出现代计算机的结构蓝图，这个蓝图成就了未来几十年的技术革命。今天，美国的硅谷成为全球科技创新的中心，其掌握的算力不仅决定了科技的前沿，更深刻影响了全球的经济和军事格局。

算力与国力的文明之舞。从古埃及的金字塔，到今天的人工智能，计算能力一直是国家强盛和文明发展的关键推动力，如下图所示。这种力量不仅体现在科学和技术的进步上，也深刻影响了国家的经济、军事、文化等各个方面。历史一次次证明，掌握了强大算力的国家，往往能够在全球竞争中脱颖而出，引领人类文明的进步。在未来，随着量子计算机和人工智能的进一步发展，算力的竞争将重塑全球的力量格局，而那些在这场竞争中占据先机的国家，必将引领世界。

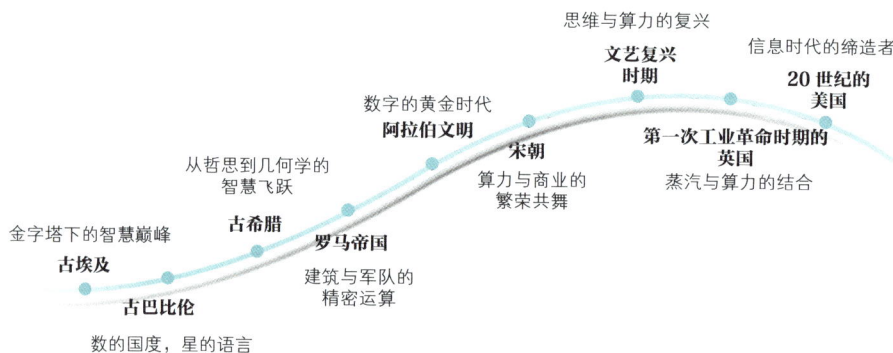

计算与文明的博弈

产业生态，谁主沉浮？

在现代世界中，计算技术不再只是冰冷的工具，而是主导未来发展的关键力量。它像一股无形的潮流，改变了全球的产业结构。从上游的能量源到中游的脉搏，再到下游的应用，算力的影响力已经渗透到了每一个角落。这个庞大的生态，既是技术创新的舞台，也是各方力量博弈的战场。

上游的能量源
半导体制造工厂
为整个生态系统提供持续的能量

中游的脉搏
数据中心
为全球的信息流动提供动力

下游的应用
智慧城市与终端革命
算力进入生活的最后一站

便利
高度智能化的现代文明
挑战
社会权力的重新分布

计算技术的产业生态

上游的能量源：半导体与硅片

计算技术产业生态的上游，是那些像恒星般燃烧着能量的半导体制造工厂。这些工厂是计算产业的核心驱动，就像天体中的恒星一样，为整个生态提供持续的能量。硅片在这个过程中如同恒星释放出的能量粒子，推动着算力的迸发，支撑着全球信息处理的庞大需求。

而在星际级别的工业竞赛中，胜负不仅依赖技术实力，更取决于对原材料的掌控。晶体管、芯片等看似微小的科技元件，实际上是未来科技的基石，它们决定着全球科技巨头的命运。这个环节的竞争，往往静悄悄地进行，却决定了整个产业的走向。

中游的脉搏：数据中心的隐形力量

如果说半导体制造工厂是产业生态的能量源，那么数据中心便是整个产业生态的"心脏"。它们悄无声息地跳动着，为全球的信息流动提供动力。其中数以万计的服务器排列整齐，犹如一支纪律严明的军队，它们夜以继日地工作，处理海量的数据。没有数据中心，这个数字世界将不复存在。

数据中心不仅是冷冰冰的服务器集群，而且是整个产业生态的中枢神经系统。各行业的计算任务、数据存储及人工智能的训练模型，全都依赖数据中心高效运转。每一秒，数据的传输就像血液在血管中流动，而这股无形的力量正在重新定义全球的生产方式。

然而，数据中心的运作并非没有代价。虽然它们构建了现代文明的数字骨架，但每时每刻的运转都伴随着大量的资源消耗。正是在这种高效与资源需求的矛盾中，数据中心成为一个重要的战略节点，它们的分布、技术水平及能源效率正成为全球科技企业关注的焦点。

下游的应用：智慧城市与终端革命

如果说上游和中游是产业生态的核心，那么下游是算力进入生活的最后一站。想象一下，一个高度智能化的城市，家庭、工厂、商业设施都镶嵌在这个城市之中，智能设备通过云计算，实现了高度的自动化和便捷化服务。

在这个城市中，智能硬件设备如同工厂中的自动化设备，不断进行优化。城市中随处可见的智能家居、自动驾驶汽车和数字化公共服务，不再依赖传统的能源消耗模式，而是通过计算技术精确调配资源。这里每一个设备的运转、每一个服务的响应，都经过了最优的计算调度，就像这个城市的每个节点在无缝合作中共同演绎着现代文明的和谐交响。

但是，这种高度智能化的场景也带来了新的挑战。随着终端设备的普及，算力成为生活中不可或缺的力量，而掌握终端技术的公司也就掌握了整个社会的节奏。技术给生活带来便利的同时，在改变着社会权力的分布。

算网的兴起：技术与资本的深度融合

走过了上游的硬件生产与中游的数据处理，我们终于来到了一张无形的网络前，这便是由全球科技巨头们编织出的"算网"。表面上，这些公司（如亚马逊、微软、谷歌）提供的是技术和服务，但实际上，它们正通过算力的垄断，构建起了一张隐形的权力网。

这些科技巨头通过对全球算力资源的掌控，逐渐占据了整个产业的主导地位。它们不仅是服务提供商，而且依托强大的计算能力，重新定义了资源分配的规则。小型企业被迫依赖这些科技巨头的基础设施，逐渐失去了独立的算力与竞争力。而这一点点的让步，最终使得整个产业的命运掌握在少数公司的手中。

算网就像现代经济体中的血脉，控制着全球计算资源的流动，决定着无数企业的生存与发展。看似透明的竞争背后，是更深层次的资本与技术的博弈。

百年未有之大变局

在这个时代，每一项新兴技术的诞生不仅反映在对科技的推动上，更反映在对社会资源的重新分配上。计算能力正在以一种不易察觉且深刻的方式改变全球权力结构和社会分层。掌握计算能力的企业或国家，正在进入一个新的阶层，而那些无法紧跟技术发展的，将被甩在身后，甚至可能失去它们曾经的地位与影响力。

全球格局的深刻变化

我们不是在选择未来，而是被未来选择。

进入 21 世纪后，全球化进程遭遇逆流，新兴经济体崛起，旧的全球秩序和力量平衡开始瓦解。而促成这一"百年未有之大变局"的最深层次力量之一是技术革命，特别是以计算能力、人工智能和数据驱动的数字化转型。

全球竞争的焦点，已经从传统的军事和经济实力的对决，转向了"科技与创新能力"的比拼。正如第二次工业革命重新定义了国家实力，今天的计算革命也在以迅猛的速度重构全球力量格局。那些掌握强大计算能力的国家和企业，正在快速崛起，成为全球新秩序中的重要主导者。而那些缺乏技术创新、无法快速适应数字化转型的国家和企业，则面临在全球化浪潮中被边缘化的风险。

我国在 5G、人工智能、量子计算机等领域的持续投入，以及美国在超级计算机、半导体芯片等领域的领先地位，都表明计算能力正成为国家实力的核心支柱。全球供应链的"科技冷战"，正是围绕这些核心技术展开的。特别是在全球产业链加速"脱钩"的背景下，计算能力不仅是科技实力的体现，还是国家安全和经济自主权的保障。

计算能力的关键性：新生产力的核心

在这场变局中，计算能力的重要性愈加凸显。它不仅是国家科技竞争力的象征，更是推动新型生产力发展的核心引擎。

经济与产业结构的重构。数字化转型正在加速经济形态的更新。传统的制造业依赖流水线和人力，而今天，计算能力和智能化生产正在取代传统模式，成为推动生产力发展的新动能。我国的"智能制造"、德国的"工业 4.0"、美国的"工业互联网"，都围绕如何更有效地利用计算能力进行自动化、智能化生产展开。未来，谁掌握了更强的计算能力，谁就能更高效地利用数据、优化资源，从而在全球供应链中占据主导地位。

国际竞争的新战场。在金融领域，高频交易的微秒级博弈已经成为全球资本市场的主战场。掌握更强的计算能力，不仅意味着在资本市场中占据优势，还决定着国家在全球金融系统中的话语权。Virtu Financial 等全球领先的高频交易公司，正是通过极致的计算能力实现了毫秒级甚至微秒级的市场操控，获得了巨大的利润，占据了不可撼动的市场地位。

国家安全与科技博弈。在军事领域，计算能力正在成为决定国家安全的核心因素。超级计算机不仅用于科学研究和气象预测，还广泛用于核武器爆炸效果模拟、导弹轨道计算、人工智能军事系统等核心领域。拥有强大算力的国家，在战争的决策和执行上，拥有难以匹敌的速度和准确性，这进一步巩固了其全球军事优势。

技术：新的分层与机会

衡量社会的标准，可能是管理资源的能力。

历史上，每一次技术革命，都是社会重新洗牌的契机。从蒸汽机的出现到电力的普及，每一次技术进步都重塑了社会的规则。而今天，计算能力、人工智能、区块链等技术，正在成为影响国家命运的决定性因素。掌握这些技术的国家和企业，能够掌控全球资源，制定游戏规则，享有前所未有的优势。正如一些大公司凭借算法和算力成为全球巨头，国家间的力量对比也在悄然发生着变化。

如今的计算能力，不仅是提升效率的工具，也已经成为新的社会"货币"，决定着谁能获得更多的资源和更大的影响力。计算能力已成为国家竞争力的核心要素。掌握先进计算技术的国家正在迅速崛起，主导全球经济和科技的新格局；而未能跟上技术发展的国家，则面临被边缘化的风险。这不仅是一场技术革命，更是全球社会与经济版图的重新划分。

第26章 力量与枷锁

能源是引擎，也是枷锁。它推动我们向前疾驰，却也在无形中束缚着我们的未来。随着计算技术的进步，能源的枷锁越来越紧。

看不见的枷锁

我们总是热衷于讨论技术的未来，仿佛算力的提升可以将社会推向新的巅峰。实际上，算力的背后有一个基本的问题被忽视了——能源消耗！没有能源，算力就如无根的树，再强大的算力也只能是空中楼阁。

计算技术的进步虽让人振奋，却也带来了一个无形的问题：能源消耗。超级计算机每一次运转，都在消耗着巨大的电力资源。2022年，我国的数据中心耗电量高达2700亿千瓦时，几乎相当于2.8亿人一年的用电量。这一数字不仅让人惊叹，更让人警醒：计算带来的不仅是技术革命，还有能源危机。

全球各国纷纷投入算力竞赛，但这场竞赛的背后，是无尽的能源需求。每一座新建的数据中心、每一套人工智能训练系统，都在消耗着越来越多的电力。科技巨头谷歌、微软虽然意识到了这个问题，试图用风能、太阳能等绿色能源来解决这一问题，但这种"绿色梦"能否赶上算力的扩展速度，仍是未知数。

算力越强，能源的需求越大，而能源的供应不是无限的。倘若我们继续无节制地提升算力，这场算力竞赛的最终结局，很可能是滑向能源危机的深渊。

彼此交织的命运

我们往往把能源问题看作技术领域的事，实际上，它早已超出了技术的范畴，成为社会的核心问题。能源如同社会的"血管"，贯通了工业、交通、生活等各个层面。每一台机器的运转、每一个家庭的照明，甚至每一滴水的泵送，都依赖于稳定的能源供给。

当算力无节制地提升时，能源的压力日益加重。如果能源供应出现中断，不仅是科技行业，整个社会都将陷入瘫痪。如此看来，计算不仅依赖能源，也在加速能源危机的到来。而我们竟然在不知不觉中走到了这条困境的尽头。

"不在沉默中爆发，就在沉默中灭亡。"我们正处于这样一个临界点。能源问题不解决，算力的提升便只能是空谈。未来的繁荣，若没有能源的支撑，只会是镜花水月。

从效率到权力

然而，计算的挑战不仅在于能源消耗，由它引发的社会变革，也是需要严肃面对的问题。自动化技术与人工智能的迅猛发展，使传统的劳动岗位被机器取代。工厂中的机器人、物流仓库里的自动化设备、自动驾驶的卡车，虽然提高了效率，但造成了大量工人的失业。

机器人在工厂

科技带来的只是便利？不，实际上，它正在剥夺无数劳动者的生计。特斯拉的自动驾驶技术、亚马逊的智能仓储系统的背后，都是一个个失去工作的司机与工人。算力的提升，不仅是在构建新世界的秩序，更是在摧毁旧有的劳动体系。这种社会变化带来的后果，是我们不得不面对的严峻问题。

算力的集中化，加剧了全球的不平等。掌握强大算力的企业与国家，正在主导全球经济秩序。数据与算力，已成为新的权力"货币"。你是否能接受这样一个事实——未来的社会并不是靠财富与土地来衡量权力与影响力，而是靠算力与数据？

"其实地上本没有路，走的人多了，也便成了路。"然而，当算力构建的新路铺开时，我们应走向何方？不平等、失业、能源危机如暗礁般潜伏在这条未来之路上。算力的增强，固然是现代技术的进步，但它带来的社会危机，或许比我们想象的更加深远。

计算的代价：从能源消耗到生态危机

今天的计算产业，已经成为全球能源消耗的"巨兽"。数据中心、超级计算

274

机、人工智能模型，它们每天消耗的电力，已足够满足一个中小型国家的用电需求。表面的技术辉煌，背后是能源的快速消耗与生态的逐渐恶化。

那些被称为"绿色科技"的数据中心，虽然打着环保的旗号，但它们每时每刻都在消耗着巨量的电力。云计算带来的效率提升，不过是在另一边加速了全球的能源危机。计算产业背后的资源消耗，正在逼近生态的临界点。

未来的算力之争：救赎还是毁灭？

未来的计算产业，注定是一场关于算力与能源的博弈。量子计算机虽然具有强大的算力，但它也带来了前所未有的能耗挑战。每一台量子计算机的运行，都需要巨量的能源供应。我们期望它带来科技的飞跃，但它也会消耗大量全球能源。

与此同时，人工智能模型的普及进一步加速了能源消耗。每一次深度学习模型的训练，都是对能源的巨大消耗。随着未来的科技进步，如果我们不能在能源问题上找到有效的解决方案，必将陷入能源危机的泥潭。

追寻新曙光

摩尔定律曾经是技术进步的指南针，每两年芯片性能翻倍，算力呈指数级增长。然而，今天，摩尔定律或许已接近尽头。芯片制造技术逼近物理极限，如同攀登悬崖，前方无路可走。

量子计算机似乎指明了突破的方向。它通过量子叠加与纠缠，实现了前所未有的算力提升。然而，这个"未来的灯塔"的背后，隐藏着新的问题——极高的能耗要求、复杂的运行条件。量子计算机不仅是技术的突破，还带来了更复杂的挑战。

你以为量子计算机是科技的革命？不，它可能是深渊的新入口。未来的计算产业，若不解决能源和技术的瓶颈，将面临无法预知的困境。

第 27 章　文明的博弈与未来

　　第一次工业革命将人们从手动劳作中解脱，卷入机器轰鸣的热潮中。第二次工业革命让电力点亮了现代工业文明。到了第三次工业革命，计算机的崛起加快了信息的传播速度。而今天，第四次工业革命深深扎根于计算，它已不再局限于冷冰冰的硬件，而是推动整个世界运转的"看不见的手"。计算不仅控制着每一个机械的齿轮，还决定着每一个数据的流动方向。

　　在汹涌的数据洪流里，国家与企业已无法再旁观。那些掌握强大算力的企业，俨然成为信息时代的巨舰，能从数据的浪涛中提炼出决策的力量。而落后者只有被数据吞噬的命运。计算，成为决定国家兴衰、企业命运的法则，也成为暗地里国家间权力争夺的利器。

　　如今，算力已不仅是技术，更是一种力量的象征。谁拥有更强的算力，谁就拥有未来的经济、科技，甚至军事优势。算力已然成为国家的经济命脉、科技创新的根基，更是国防安全的核心，甚至社会的基石。

"蓝海"还是"卡脖子"？

　　当我们谈论计算时，究竟在谈什么？是探索一片未知的"蓝海"，还是被无形的力量紧紧卡住脖子？今天的计算产业，正站在这样一个十字路口。

通向蓝海：美好愿景与现实困境的碰撞

　　人们总是被技术的光辉所迷惑，仿佛人工智能、量子计算机、区块链等技术能带我们走向无限的未来。我们畅想未来的科技"乌托邦"，似乎人类文明将迈入一个前所未有的巅峰。然而，这背后隐藏着无尽的代价。人工智能确实带来了便利，但也无情地剥夺了无数人的工作机会。每一台自动驾驶汽车、每一个仓库里的机器人，都代表一张失业通知单。

量子计算机的出现，或许会突破摩尔定律的困局。然而，这项技术需要极其苛刻的运行环境和大量的能源。它不再是蓝海，而是如同黑洞般的"技术深渊"。我们也许已经踏上了一条无法回头的路。

被卡住的脖子：芯片战争与国家命脉的焦虑

更为现实的威胁来自芯片领域。摩尔定律的尽头不仅是技术的极限，更是国家间的地缘政治战场。高端芯片早已成为一国的命脉，芯片领域的竞争是一场关乎国家存亡的较量。

美国对我国的芯片封锁，就是这场无声战争的冰山一角。看似微不足道的芯片，背后却是扼住国家命运咽喉的力量。没有高端芯片的支持，我国高科技产业的发展就像被卡住了脖子一般，虽不致死，却举步维艰。技术不再只是技术，它已成为决定国家命运的力量。

更为棘手的是，优势并不在我们这边。全球的科技巨头已牢牢掌握了芯片设计与制造的核心技术，我国的科技产业正为此付出沉重的代价。虽然近几年国内企业有奋起直追的态势，在多个设备和材料领域也实现了突破，但高端芯片的短缺，正一点点压制我们的未来。未来掌握在谁手中？这是一场赌局，筹码已经摆出，但胜负难测。

计算背后的伦理危机

在我们谈论技术进步时，是否想过，这背后隐藏着伦理危机？技术的每一次飞跃，都伴随着对社会伦理的挑战。人工智能、区块链、量子计算机不仅颠覆了我们的生活方式，还逐渐模糊了人类伦理的边界。

人工智能的迅速发展，让个人隐私变得如同空气般稀薄。每一次点击、每一个搜索背后，都是无数数据在被悄悄收集、分析。那些掌握数据的人，已经掌握了我们的"命运"。我们以为科技带来了便利，实际上，它正将我们引向无形的"囚笼"。

更为严重的是，人工智能系统似乎已经悄悄接管了医疗领域、金融领域，甚至法律领域。每一个算法都在通过其潜在的偏见，悄无声息地影响甚至威胁着社会的公平与正义。我们是否真的愿意将未来交给这些"看似客观"的技术？然而不论如何，人类和人工智能有了接触，后果如何，暂不可知。伦理的黑洞比技术的瓶颈更为可怕，因为它正在潜移默化地改变着我们的社会。

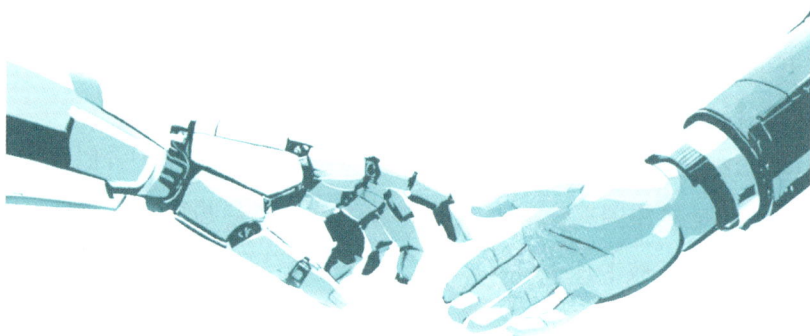

人类之手与机器之手

数字霸权的崛起

未来的战争，可能不再是在战场上以枪炮相向，而是隐秘地转移到算力的角逐上。掌握强大的算力，便掌握了未来的国际话语权。

计算的武器化：新时代的战争形态

美国的科技霸权依托的是对算力资源的垄断。谷歌、亚马逊、微软等公司不仅是商业巨头，更是全球计算资源的掌控者。它们只是科技公司？不，它们是新时代的"国家机器"，它们通过掌握计算资源，重新定义全球的权力格局。谁控制了全球的计算资源，谁便掌控了全球的经济与政治主导权。

我国正在奋力迎接这场看不见的战争。制造业的崛起使我国成为全球产业链中的柱石，但未来的真正竞争将围绕算力展开。如果我国不能突破高端芯片的封锁，那么在这场无声的战争中，未来的主动权也将与我们擦肩而过。

国家命脉的重塑

未来，算力是国家命运的主线。计算正一点点吞噬着我们熟知的世界，从经济到军事，再到我们日常生活。未来的社会，将会发生一场以算力为核心的革命。谁的算力更强，谁就更能主导未来的秩序。

国家命脉的重构

曾几何时，国家间的较量依赖的是钢铁、石油和土地。而今天，算力如同一只无形的手，紧紧握住了国家的命运。无人机战争不过是算力竞争的一个缩影。无人机依赖数据与算力支持，能精准打击目标，无须人力介入。战争的主角不再是士兵，而是算法与计算机。

在金融市场中，算法交易已席卷全球。计算机在毫秒间决定着数十亿美元的流动，2010 年的"闪电崩盘"正是算力的一次短暂示威。今天的金融安全，依赖的已不仅是人类的智慧，更是对算力的掌控。如果一国无法主导算力，它的金融安全乃至经济主权将不复存在。

计算竞争的主导权之争

今天，国家间的竞争已经演变为看不见的战争，战场不再是疆域，而是算力世界。

科学研究早已依赖于强大的算力。2020 年全球抗击疫情，超级计算机为病毒传播路径的预测和疫苗的研发贡献了巨大的力量。未来，算力将决定科学的进步与产业的创新速度。没有算力，国家将沦为世界舞台上的配角，失去绽放光芒的机会。

下一个未来

未来，物理与虚拟的边界正在模糊。计算不再只是推动技术，而是构建一个全新的虚拟世界，让整个物理世界与虚拟世界融合。AR、VR 这些听上去科幻的技术，正在成为我们生活的一部分。元宇宙（Metaverse） 的出现，正是这种趋势的典型体现。

Facebook 改名为 Meta，宣告它将全力投入元宇宙的建设。虚拟会议、虚拟社交、虚拟经济，这一切正在变成现实。你以为这是游戏？不，它是未来的工作与生活方式。人们将在虚拟世界中创造身份、财富，甚至国家。这场虚实融合的变革，将不再依赖土地和资源，而是依赖算力。

但你有没有想过，这需要多强的算力？每一个虚拟场景的生成、每一段虚拟互动的实时渲染，都需要无数服务器同时运转。元宇宙中的每一秒，都在消耗着全球的能源和算力。没有足够的算力，国家甚至无法在这场虚拟的争夺战中占据一席之地。

Web 3.0，这个去中心化的概念听上去像是对现有秩序的颠覆。区块链、去中心化存储，这些技术打破了传统的互联网架构，让数据不再依赖中心化的服务器，而是让数据在全球范围内自由流动。你以为这只是技术的创新？不，这是权力的再分配。

比特币便是具有代表性的例子。人们通过算力，将货币的发行权从国家手中夺走，转移到那些控制算力的"矿工"。去中心化的背后是算力的集中，算力越强，权力越大。这场算力革命正在慢慢将国家的金融体系逼入一个新的危机。国家该如何应对这种去中心化的挑战？ 如何在未来的数字货币体系中保住自己的地位？

计算千古事，至今永流传。

最终，还是要落脚到我们的文明。

计算如同一条穿越时空的丝线，悄然编织着人类文明的壮丽画卷。从古埃及的天文测算到古希腊的几何推演，从笛卡儿的坐标系到图灵的计算思想，计算始终是文明在理性中追求秩序的象征。它不仅是数字的排列组合，而且是一种跨越时代的哲思，还是人类对宇宙深处法则的触摸与对自身存在意义的永恒叩问。

回首过去，计算是文明的守望者，见证了知识的觉醒与真理的诞生。正是通过计算，古人得以追踪星辰的轨迹，构筑宏伟的殿堂，描绘生命的脉络。计算赋予了人类超越肉眼所见的能力，使我们不仅能感知世界的表象，更能洞悉世界的逻辑与规律。文明的每一次进步皆是计算的"回声"，推动着我们从古老的算筹时代跨入智能时代，从最初的简单计数，到以复杂模型预测气候变化，计算已成为解锁自然奥秘的钥匙。

计算不是冰冷的逻辑，它如诗一般回响在人类文明的深处。每一次算法的创新、每一段代码的运行，都是人类思想在数字世界中的跳跃，是智慧与想象力的无声对话。计算在文明的躯壳中注入了灵魂，使之在时间长河中闪耀着不可磨灭的光辉。它打破了疆域的限制，将不同文化、语言、信仰交织在一起，编织出一个比以往任何时候都更加紧密的全球文明网络。

当我们伫立于历史的高峰，遥望未来的无垠星空，计算仍是指引前行的灯塔。它不仅承载了过去的辉煌，也指向未来。或许在不久的将来，计算将突破现有的边界，开启一个新的时代，而它所带来的不仅是技术的飞跃，更是对文明的再造与对人类自身的重新审视。

计算是文明的脉搏，是时代的韵脚，是我们在时光洪流中留存的痕迹。计算的历史沉淀为人类文明的重要篇章。计算未曾停息，它在每一次心跳间回响，激励着我们继续前行，走向那更加辽阔的未来，走向属于文明的远方。

最后，用计算协助，来写一首"计算"的诗。

沁园春·计算

数海无垠，智涌千载，静观苍穹。叹祖冲之之志，圆周率精测；九章妙策，古法从容。勾股融道，三边契妙，笛卡儿坐标绘乾坤。忆往昔，黎曼曲面，几何称雄。

牛顿微分轻描，与莱布尼茨同谱长虹。看巴贝奇梦启，齿轮徐转；图灵冥思，代码轻飘。高斯神解，欧拉巧算，信息微光耀宇中。待来日，量子风起处，万象和融。